当代中国科普精品书系　迈向现代农业丛书

中国科普作家协会总策划

外来生物入侵

——一场没有硝烟的战争

隋淑光　编著

中国农业出版社

《当代中国科普精品书系》序

刘嘉麒

以胡锦涛为总书记的党中央提出科学发展观，以人为本，建设和谐社会的治国方略，是对建设有中国特色社会主义国家理论的又一创新和发展。实践这一大政方针是长期而艰巨的历史重任，其根本举措是普及教育，普及科学，提高全民的科学素质，这是富民强国的百年大计，千年大计。

为深入贯彻科学发展观和科学技术普及法，提高全民科学素质，中国科普作家协会决心以繁荣科普创作为己任，发扬茅以升、高士其、董纯才、温济泽、叶至善、张景中等老一辈科普大师的优良传统和创作精神，团结全国科普作家和科普工作者，调动各方面积极性，充分发挥人才与智力资源优势，推荐或聘请一批专业造诣深，写作水平高，热心科普事业的科学家、作家亲自动笔，并采取科学家与作家相结合的途径，努力为全民创作出更多、更好、水平高、无污染的精神食粮。

在中国科协领导的指导和支持下，众多作家和科学家经过三年多的精心策划，编创了《当代中国科普精品书系》。这套丛书坚持原创，推陈出新，力求反映当代科学发展的最新气息，传播科学知识，倡导科学道德，提高科学素养，弘扬科学精神，具有明显的时代感和人文色彩。该书系由 15 套丛书构成，每套丛书含 4～10 部图书，共约 100 余部，达 2000 余万字。内容涵盖自然科学和人文科学的方方面面，既包括太空探秘，现代兵器等有关航天、航空、军事方面的高新科技知识，和由航天技术催生出的太空农业，微生物工程发展的白色农业，海洋牧场培育的蓝色农业等描绘农业科技革命和未来农业的蓝图；也有描述山、川、土、石、沙漠、湖泊、湿地、森林和濒危动物的系列读本，让人们从中领略奇妙的大自然和浓郁的山石水土文化，感受山崩地裂，洪水干旱等自然灾害的残酷，增强应对自然灾害的能力，提高对生态文明的认识；还可以读古诗学科学，从诗情画意中体会丰富的科学内涵和博大精深的中华文化，读起来趣味横生；科普童话绘本馆会同孩子们脑中千奇百怪的问号形成一套图文并茂的丛书，为天真聪明的少年一代提供了丰富多彩的科学知识，激励孩子们异想天开的科学幻想，是启蒙科学的生动画卷；创新版的十万个为什么，以崭新的内容和版面揭示出当今科学界涌现的新事物，新问题，给人们以科学的启迪；当你翻开《老年人十万个怎么办》，就会感到它以科学思想、科学精神、科学方法、科学知识回答老年人需要解决的实际问题，是为城乡老年人提供的一套迄今为止最完整、最权威、最适用的生活宝典；当你《走进女科学家的世界》，就会发现，这套丛书以浓郁的笔墨热情讴歌了十位女杰在不同的科学园地里辛勤耕耘，开创新天地的感人事迹，为一代知识女性树立了光辉榜样。

科学是奥妙的，科学是美好的，万物皆有道，科学最重要。一个人对社会的贡献大小，很大程度取决于对科学技术掌握运用的程度；一个国家，一个民族的先进与落后，很大程度取决于科学技术的发展程度。科学技术是第一生产力这是颠扑不灭的真理。哪里的科学技术被人们掌握得越广泛越深入，哪里的经济、社会就会发展得快，文明程度就高。普及和提高，学习与创新，是相辅相成的，没有广袤肥沃的土壤，没有优良的品种，哪有禾苗茁壮成长？哪能培育出参天大树？科学普及是建设创新型国家的基础，是培育创新型人才的摇篮，待到全民科学普及时，我们就不用再怕别人欺负，不用再愁没有诺贝尔奖获得者。相信《当代中国科普精品书系》像一片沃土，为滋养勤劳智慧的中华民族，培育聪明奋进的青年一代，提供丰富的营养。

前　　言

自从人类创立了自己的文明以来，特别是在工业文明兴起后，历经最近三四百年的快速发展，人类利用自己掌握的科学利器深深地在自然界中打下了自己的烙印。加速开发、疯狂掠夺、坐享文明成果，貌似我们一天天好起来，乘上了"开往春天的地铁"，实质上，这个美丽的星球正在痛并呻吟。多少曾经孕育了人类灿烂文明的母亲河如今风姿不再；多少曾经如万顷碧波般绵延起伏的森林化为乌有；多少人已经久违了蔚蓝色的天空，仰望苍穹，他们几乎每天看到的都是铅灰色；多少物种已和我们道过永别，其灭绝效应如同颓然倒下的多米诺骨牌。

任何事物的发展都有一个临界值，地球的承受力是否已经到了临界点？地球会永远是我们寄托身心的家园吗？永远有多远？

近二三十年以来，有一种生态灾难愈演愈烈，这就是生物入侵。实事求是地说，物种的分布和扩张在人类出现之前就是地球史的一部分，这不是人类的原罪。但是最近三四百年以来，由于科技、产业、商贸、旅行等的大规模展开，使得物种交流的规模越来越大；而人类为了经济利益、为了满足自己赏心悦目的需求和饮甘餍肥的口腹之欲而大肆转移物种，更如雪上加霜，引发了生态系统和生物多样性的一片哀鸣。从这个意义上说，人类是真正的生物入侵者，一手导演了残害美丽大自然的血案。

可悲的是，在很长的时间里，人类在兢兢业业地制造这种灾难而不自知。最早对生物入侵进行定义的是美国人埃尔顿（C. S. Elton）。其在所著的《动植物入侵的生态学》（The Ecology of Invasions by Animals and plants）一书中第一次提出生物入侵的概念，并把生物入侵定义为：指某种生物从原来的分布区域扩展到一个新的（通常也是遥远的）地区，在新的区域里，其后代可以繁殖、扩散并维持下去。埃尔顿奠定了入侵生物学的基础框架，并预见到生物入侵的数量和危害程度会急剧增加。该书出版于1958年，距今不过区区50余年。

在这之前人类度过了在懵然中损失无算的过去，在这之后则面对任重而道远、透出丝丝曙光的将来。我们面对的是一场只要物种不绝，硝烟就不会散尽的战争。孙子兵法中说道："多算胜，少算不胜，而况于无算乎!"时至今日，我们对外来物种入侵的认识仍然不多：关于生物入侵的书籍少得可怜；对生物入侵的认识仍然局限在很小的范围内；物种的交流仍如山阴道上，应接不暇；一枝黄花、巴西龟等仍然堂而皇之地登堂入室……

与其他全球性环境问题不同的是，个人行为能对生物入侵问题产生直接作用，或可加剧，或可防范，这取决于对生物入侵问题是否有足够的认知。如果每个人都对此足够知情，并据此端正自己的行为，则我们赢得这场战争自不待言。曾经有人这样说过："……人作为这个星球上最有智慧、最有力量、受益最大、权力最大同时破坏性最大的物种，必须对所有生物的生存和地球的存在负起责任。"面对这场战争，我们准备好了吗？

编　者

2011 年 3 月

目　录

一、掀起生物入侵者的"盖头"来

1. 生物入侵——一条看不见的战线

古人云：兵凶而战危，不得已而用之。虽然战争是人类社会发展到一定阶段的必然产物，人类漫长的来路上一直萦绕着金戈交鸣声，弥漫着如墨的硝烟，但是人类还是尽力规避它，并取得了短暂的和平期。并不为人所周知的是，在人类社会之外，在自然界中，一直存在着一条看不见的战线。这场战争的主角不是人类，或许是一株平凡得让人视而不见的草木，或许是轻而易举就能被人碾死于脚下的虫子，或许是渺小到肉眼无法看见的细菌。然而一旦它们翻山越岭、远涉重洋在异地他乡集结起来，向自然界中的其他生物、生态系统甚至人类进攻，那就是一场没有硝烟，却同样激烈甚至血腥的战争。这场战争的历史比人类的历史要久远得多，而且只要物种不绝，硝烟就不会散尽。但是人类面对这场战争在很长时间里一直处于闻所未闻、闻而束手无策的状态。

2. 澳大利亚——兔子、狐狸和鲤鱼的故事

这里，讲述的不是寓言，不是童话，而是发生在澳大利亚的

真实案例。

在澳洲人的文化里有个有趣的现象，最为邪恶的动物不是大灰狼，更不是狮子、老虎，而是在外人看来"蹦蹦跳跳真可爱"的兔子。究竟是什么原因，使得澳大利亚人如此痛恨兔子呢？这主要还是源于那场从19世纪中叶开始，前后持续了近百年的惊心动魄的"人兔之战"。

1788年以前，澳大利亚还是一个不为外界所知的孤岛，岛上动植物自成一体，原本没有兔子，没有豺狼虎豹，食肉动物只有一种小型的有袋类动物和为数不多的野狗。1788年1月27日，由阿瑟·菲利普船长率领的英国皇家海军第一舰队在悉尼港登陆，揭开了澳大利亚历史的新篇章。作为澳洲兔子祖先的欧洲兔子，就是搭乘第一舰队的舰船，从英格兰来到这片肥沃土地上的。由于这些兔子主要是供刚刚来到澳洲的欧洲定居者食用，因此多为圈养，流落到外面的野生种群极为罕见。

英国人托马斯·奥斯汀是澳大利亚的先驱移居者。在他携带的大批行礼物品中，就包括24只欧洲兔子、5只野兔和72只鹌鹑。移居以后，他把这些兔子放养到自己的领地上，以作为射击娱乐的靶子。其中13只逃逸到了野外，并开始疯狂报复人类，从此以后澳大利亚人反而成了被娱乐的对象。它们在自然界中迅速繁殖，然后"骤突乎南北"，一场可怕的生态灾难爆发了。开始它们毁坏庄稼，让农夫辛勤劳作的成果瞬间化为乌有。1880年，它们到达新南威尔士，开始与当地的绵羊争夺草场。澳大利亚缺水，每一根草都是宝贵的，这对于这个"骑在羊背上的国家"来说简直是一场噩梦。

为了抑制兔子的扩散和繁殖，勤劳勇敢的澳大利亚人民智计百出，从最传统的猎杀、布网、堵洞、挖沟、烟熏、投毒、设夹子和驱狗追杀，到较为"先进"的释放毒气和在胡萝卜里下毒等全都试过，均无功而返。万般无奈之下，1887年，新南威尔士州政府悬赏25 000英镑，征集一种可以有效杀灭兔子的方法。

在这笔奖金的竞争者中，就包括大名鼎鼎的法国生物学家巴斯德。他从巴黎的巴斯德研究所派遣了3位工作人员来竞争这笔奖金。他们远渡重洋来到澳大利亚，试图通过释放鸡霍乱来用生化战杀灭兔子。遗憾的是，信誓旦旦而去，旗乱辙靡而归，他们未能把这笔奖金收入囊中。

　　或许绝望中的澳大利亚人受到了秦始皇修筑长城以阻隔匈奴铁骑的启发，他们想到了一个虽然原始但也许更为有效的方法：修建一条贯穿澳洲大陆的篱笆，直接挡住兔子的去路，以免它们继续向西部最肥沃的农业区扩散。1901年12月，经澳大利亚政府批准，人类历史上最为宏大的篱笆修筑工程拉开序幕。经过7年的艰苦工作，世界上最长的一条篱笆竣工，它从澳大利亚的斯塔威辛港出发，向北一直延伸到沃勒尔当斯。遗憾的是，甚至在这条篱笆工程完工之前，人们就发现已经有兔子越过了篱笆。澳大利亚人发挥愚公移山精神，又相继开工了第二条和第三条篱笆工程。1908年，三条篱笆工程全部完成，加在一起的总长度超过3 000公里，被命名为"rabbit proof fence"（兔子防御带）。这些篱笆虽然比不上万里长城，但也蔚为壮观。失之东隅，收之桑榆，澳大利亚人歪打正着地创造了一个新的世界奇迹。

　　面对"犯罪升级"，澳大利亚政府一不做，二不休，动用空军播撒毒药，进行空中围剿并配合化学战，想对兔子来个一举全歼。这一招开始确实有效，兔子们死伤累累。但是，由于兔子的繁殖能力惊人，在撒药过后不久，兔群依然"兔丁"兴旺。而撒下的毒药却对草原生态产生了不良影响，澳大利亚政府只好放弃这种方法，兔子们又一次取得了"反围剿"斗争的胜利。

　　兔子的繁殖能力超强，在澳大利亚食物丰富又没有天敌，这使得它们成了"打不死的小强"。1950年，澳大利亚的兔子数量达到了五亿只，这个国家绝大部分地区的庄稼和草地因此遭受了极大损失，一些小岛甚至因此发生了水土流失。

这场"人兔之战"被称为人类历史上损失最为惨重的生物入侵事件，但是，它既非空前，恐怕也未必绝后。其实在兔子风波之前，澳大利亚已经品尝过入侵生物带来的痛。

1845年，英国殖民者引进了狐狸，也为的是有个打猎的对象。因为没有天敌，狐狸在这块乐土上迅速繁衍，只用了50年的时间，就发展到全大陆。进入澳洲的狐狸摇身一变，发展出一些新的特征，变得头大嘴壮，少了几分妩媚，多了几分凶猛，很快就消灭了20种本地的动物，并威胁到另外40多种的生存。这场灾难一直延续到今天，据报道，数年前维多利亚州曾采取了为期3个月的灭狐行动，规定猎人每交一条狐狸尾巴，就可获得一笔奖金。不久，州政府就收到了2.5万条尾巴。

鲤鱼在中国象征着吉庆，"鲤鱼跃龙门"的传说在中国流传已久：传说鲤鱼每年三四月份都要聚集在黄河的龙门处，如果能逆流而上，越过北山的瀑布，就能出人头地成为龙。李白曾对此吟哦到："黄河三尺鲤，本在孟津居，点额不成龙，归来伴凡鱼。"后来这一传说在江户时代传入日本，日本据此发展出了"男孩节"。到了这一天，为了祈祷上天照看好自己的孩子，家家悬挂鲤鱼旗以引起上天的注意。但在澳大利亚，鲤鱼却被视为大害。自100多年前从欧洲引进后，这种鲤鱼大量繁殖并且变得性情愈发执着和坚韧：不在乎水温高低，甚至能笑傲含盐量接近海水的水。它们数量极多且食肠宽大，几乎吃光了水草，把本地鱼种推到了灭绝的边缘。澳大利亚人不无憎恶地把它们称作"水兔"，与坏了名声的兔子相提并论。

在当地，鲤鱼不但不配作为人的食物，连喂猫的资格都没有。一般人捕到了鲤鱼，如果在荒郊野外，一扔了之；如果在城里，则必须埋掉。谁如果把它放回水里，就触犯了律条，要吃官司。

3. 美国——斑马贻贝的故事

下面我们讲述斑马贻贝的故事。斑马贻贝的故乡在前苏联西部靠近里海的水域中，在那里它安分守己、繁衍子孙。在 18 世纪，随着运河的开通，它得到了扩散的机会，开始在东欧内陆的各个水域定居。斑马贻贝有个生活特性，就是喜欢"聚族而居"，无数个体在一起密集生长，每个个体借助自己的足丝牢牢地固着在所碰到的任何坚硬物上。

19 世纪 30 年代，这个前苏联西部的"土著居民"不远万里来到了美国的五大湖淡水域，开始变得头角狰狞，露出邪恶的一面。最初，它们快速繁殖，占据了码头、桥墩、船只的底部和船舷，甚至船的引擎系统。死去的斑马贻贝堆积在湖底，散发出阵阵臭气，令人欲呕。后来，它们扩散到了发电站和自来水公司的供水管线里，很快造成管线堵塞，导致供水量和供水速度降低。这不仅加剧了水下管线的磨损速度和更换频率，使相关公司的投入费用激增，而且影响到了每一个居民的日常生活：居民经常反映饮用水有异味，怀疑水质遭到污染。更为恐怖的是斑马贻贝曾经造成某发电站的供水量不足，险些因此酿成重大的火灾事故。

斑马贻贝给美国造成了巨大的经济损失。其登陆美国之初的 5 年，美国政府花费近 20 亿美元来清理被堵塞的管道入口。近年来，美国每年耗损约 30 亿美元用于清理斑马贻贝，然而投入和产出完全不成比例。据最近的报道称，在依利湖底，每平方米面积上可以发现 3 万～7 万只斑马贻贝。

不仅如此，斑马贻贝还挤占了其他水生生物的生存空间。它们几乎把浮游生物一扫而空，断绝了其他贝类和小型鱼类的食物来源，使美洲境内 70％的土著贝类惨遭灭门之祸，其中就包括

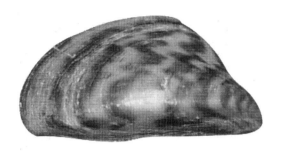

斑马贻贝

（引自刘畅，《生物入侵》，中国发展出版社）

著名的珍珠贻贝。科学家曾经在一只土著贝类的外壳发现了数千只附着的斑马贻贝，这真是"黄钟毁弃，瓦釜雷鸣"。

4. 给生物入侵者　"画个像"

在经过长期的生物进化以后，由于自然选择和生存斗争等原因，自然界中的有些物种被淘汰出局，有些物种渐渐站稳了脚跟，存活下来，并在它们的生活区域内获得了一定的"地盘"。当然，有些物种会强势一些，成为"超级大国"，有些物种则弱势一些，沦为"弱势群体"。而由于天敌和食物资源等生态因素的制约，使得每个物种的势力范围都不能无限制地扩大。这样，生物间在进行了多年的"PK"以后各安其位，生活的区域趋于稳定，每个区域内的物种也趋于稳定。

大陆的运动使得地球表面存在山脉和海洋，有的地方还有沙漠，再加上气候等因素，这些成为了天然的隔离屏障——自然界中的"马其诺防线"，使得生活在某一区域的生物不能轻而易举地"移民"到别的生活区域，"将登太行雪满山，欲渡黄河冰塞川"，至少很难做远距离的迁徙，这样就保证了稳定性得以延续下去。

　　如果某个物种因为偶然的原因得以翻山越岭，去国离乡，作为"移民"来到异国他乡的新的生活区域，一旦进入自然界中，它很可能发现一片大有作为的广阔天地：资源丰富，而且没有天敌。它会欣然定居下来，"积蓄力量"，经过一段时间的蛰伏以后迅速开疆拓土，占领空间，掠夺资源，于是，它与土著居民（本土生物）的局部战争就不可避免了。如果外来者战力足够强大，土著居民很可能不堪一击，纷纷凋零甚至灭绝，外来者变身为"霸权主义者"，无限制地掠夺、膨胀下去，使当地生态系统的平衡被打破，给当地生物资源造成严重破坏。这些外来物种就是生物入侵者，这种现象就称为"外来生物入侵"。

二、生物入侵——一个古老
而又全新的问题

1. 卧榻之畔，入侵者已 "酣睡良久"

生物入侵是人类所面临的一个古老而又"全新"的全球性环境问题。

说其古老，是因为与"温室效应""臭氧层被破坏""酸雨"等全球性环境问题不同的是，这些问题是"次生"的，是人类经济活动达到了相当程度以后才引发的，而生物入侵问题几乎是"原发性"的。物种入侵与分布扩张在人类出现之前就是地球史的一部分，甚至可以说自从有了物种，生物入侵问题就应运而生了，即使时光倒回百千次，这一结果也无从避免。说其"全新"，则有两方面含义。其一，因为在生物史的绝大部分时期，物种迁移的机会极其有限，生物入侵所带来的危害也相对较小，因此这一问题在相当长的时间里并没有引起人们足够的重视，卧榻之畔，任入侵者"酣睡良久"。其二，在最近几十年，特别是最近二三十年间，地域间的交流日益频繁，交通日趋方便，地球因此越变越"小"，而物种交流的机会却近似无限地增大，生物入侵潮因此愈演愈烈。这时人类才发现，我们对这一问题的认知少之又少。

最早对生物入侵进行定义的是美国人埃尔顿（C. S. Elton）。

其在所著的《动植物入侵的生态学》（The Ecology of Invasions by Animals and plants）一书中第一次提出生物入侵的概念，并把生物入侵定义为：指某种生物从原来的分布区域扩展到一个新的（通常也是遥远的）地区，在新的区域里，其后代可以繁殖、扩散并维持下去。埃尔顿奠定了入侵生物学的基础框架，并预见到生物入侵的数量和危害程度会急剧增加。该书出版于1958年，距今不过区区50余年。

孙子兵法中说道："多算胜，少算不胜，而况于无算乎！"无怪乎人类在与入侵生物的对垒中败绩连连。随着科技进步，全球的交通将会愈发方便，交流将日益增多，地球将会越变越"小"，人类已经错失了"未雨绸缪"，面对"天涯若比邻"的未来，我们准备好了吗？

2. 外来物种与生物入侵种良莠有别

从名称上看，中国现有的植物中有3个很独特的系列，分别是"胡"系列、"番系列"和"洋系列"。"胡"系列有胡瓜、胡桃（核桃）、胡椒、胡葱、胡蒜（大蒜）、胡萝卜、胡荽（芫荽）等，"番"系列有番茄、番薯（甘薯）、番椒（辣椒）、番石榴、西番莲、番木瓜、西番葵（向日葵）等，"洋"系列有洋葱、洋芋（马铃薯）、洋白菜（卷心菜）等。

"胡""番""洋"等字眼昭示这些植物是外来物种。据农史学家考证，"胡"系列多为两汉两晋时期由西北陆路引入，"番系列"大多为南宋至元明时期由"番舶"（外国船只）带入，"洋系列"则大多由清代乃至近代引入。从"胡系列"到"番系列"再到"洋系列"，可大致读出一部近代以前中国引入外来物种的历史。

这些物种名称中的"番""胡"和"洋"可能会引起人们的警觉：发现"疑似"生物入侵种！好，警惕性够高，先表扬一下！不过为了防止造成"冤假错案"，让我们先看看一种生物是否该被打上"生物入侵者"的标签所应取决的几点要素。

番石榴

首先，它必须是外来物种，这个"外来"的概念并不局限于狭义上的地理概念，不是以国界、地区，而是以生态系统来定义的，指的是该物种进入了一个在其进化史上从未分布过的新地区。例如，在非洲和南美洲之间横亘着大西洋，海牛和鸵鸟分布在大西洋的两岸，如果一只海牛或鸵鸟因偶然的原因到达对岸，是不能被称为入侵种的，因为在几亿年前非洲和南美洲曾处在同一块陆地上，由于大陆漂移使得这块陆地分裂，海牛和鸵鸟因此就分布到了不同的板块。

西番莲

其次，这个物种在其新进入的生态系统中达到了一定程度的优势，破坏了该生态系统的平衡，威胁到了原有物种的生存。如果一个物种因偶然原因进入一个其未曾分布过的生态系统，却因"水土不服"而"出师未捷身先死"，或因自身不具竞争优势而落得个"茕茕子立，形影相吊"的结局，那么它也不能算作是生物入侵种。举个例子，在柳宗元的《黔之驴》中这样写道："黔无驴，有好事者船载以入。至则无可用，放之山下……"对照上述

西番莲果实

胡　椒

概念可以发现，这头驴子无疑是一个外来物种，但算不上是生物入侵种，因为其进入新的环境后表现得不够强势，没有能力扩大种群，最终落了个被"断其喉，尽其肉，乃去"的结局。

　　第三，这个物种对社会经济和人类健康构成了不同程度的影响。由此可见，番茄、番石榴、番薯、西番莲、胡椒、胡萝卜等虽然是外来物种，并在某个生态系统（如农田生态系统、城市景观生态系统）中依赖于人类的种植活动而占据了优势，但它们或使我们齿颊留芳，或使我们赏心悦目，给予人者甚多，求于人者甚少，有百利而无一害，而且它们的分布处在人类的绝对控制之下，因此绝对不能算是入侵种。

3. "生物恐怖分子" 名录

在欧美一些国家，"足球流氓"臭名昭著，他们带着醺醺酒气和满腔恶意来到赛场，以寻隙滋事为乐，危害公众安全，因此一些国家的安全部门对这些有前科的人物登记造册，如有重大赛事，则禁止他们入境。美国也曾计划通过计算机数据库建立"虚拟国境线"，对那些申请入境美国的人通过生物遥感和历史数据提前进行身份认定和行为跟踪，最后经过"安全过滤"，将那些会对美国安全产生威胁的人排除在国境之外。生物入侵种也因斑斑劣迹而恶名远播，因此地球上的"安全卫士"也针对它们制作了"通缉名单"，提示人们：一经发现入侵迹象，"杀无赦""斩立决"!

1991 年，美国农业动植物健康检查服务局建立了入侵生物信息管理系统（http：//www. invasivespecies. org），其中包括植物害虫、有害杂草和北美外来节肢动物 3 个数据库。1997 年，美国启动了"全球入侵物种计划（GISP）"，全球入侵物种专家组建立了"全球入侵物种数据库（http：//www. issg. org. database/welcome/）"，为行政部门、决策者和对此问题感兴趣的个人提供外来入侵物种的全球信息。该数据库分为物种数据库和文献数据库两部分。加拿大和澳大利亚等国家也先后建立了类似的网站和数据库。在中国，农业部门、环保部门及对此有兴趣的个人也先后建立了有关生物入侵种信息的网站。

2001 年，国际自然保护联盟（IUCN）曾公布了全球 100 种最具破坏力的入侵物种名单，这些物种中包括了微生物、水生植物、陆生植物、水生无脊椎动物、陆生无脊椎动物、两栖动物、鱼类、鸟类、爬行动物、哺乳动物。

中国是遭受外来物种危害最严重的国家之一，2003 年 1 月 10 日，中国国家环境保护总局公布了我国第一批外来入侵物种名单，其中包括了 16 个物种，分别是紫茎泽兰、薇甘菊、空心莲子草、豚草、毒麦、互花米草、飞机草、凤眼莲、假高粱、蔗扁蛾、湿地松粉蚧、强大小蠹、美国白蛾、非洲大蜗牛、福寿螺、牛蛙。

根据农业部科技教育司在 2007 年公布的数据，目前已有 288 种外来物种入侵我国，其中植物类 188 种，微生物类 19 种，无脊椎动物类 58 种，两栖爬行类 3 种，鱼类 10 种，哺乳动物类 10 种。在国际自然保护联盟（IUCN）公布的全球 100 种最具威胁的外来生物中，中国有 50 余种，占了一半左右。2010 年 1 月 7 日，中国环境保护部公布了我国第二批外来入侵物种名单，其中包括 10 种植物，9 种动物，它们分别是：马缨丹、三裂叶豚草、大藻、加拿大一枝黄花、蒺藜草、银胶菊、黄顶菊、土荆芥、刺苋、落葵薯；桉树枝瘿姬小蜂、稻水象甲、红火蚁、克氏原螯虾、苹果蠹蛾、三叶草斑潜蝇、松材线虫、松突圆蚧、椰心叶甲（见附录）。

刺 苋

落葵薯

三、生物入侵路径——一曲人类自己奏响的悲歌

如果我们回溯人类走过的路，去探察生物入侵者是如何"逃逸"出"潘朵拉魔盒"的，就可以发现这三条"出逃路径"：人类无意引入、人类有意引入和自然入侵。其中前两种直接指向人类，因此可以说，生物入侵在某种程度上是一曲人类自己奏响的悲歌。

1. 无意引入——魔盒初启

战争、移民和旅行者无意带入这三种人类行为都曾在不经意间为生物入侵大开方便之门。

有人把战争与和平称作人类两大永恒的主题，但战争在与和平角力时似乎总处于优势。据统计，在人类 5000 年的文明史中，只有 329 年处于和平时期，如果把这 5000 年当作一天来计算，那么人类之间在 24 小时中就有近 23 小时曾挥戈相向。

战争的主角是人，而且是高度集中的人群，军队从此区域迅速集结到彼区域，为寄生在人身上的寄生虫、病原菌等微生物的迁移、为传染病的暴发提供了良机，因此可以说瘟疫是战争的影子。如我国历史上著名的"赤壁之战"，许多人误将曹军兵败归功于"借东风""连环计"等，其实真实的败因在《三国志·魏书一》中早有记载："（曹）公至赤壁，与备战，不利。於是大

疫，吏士多死者，乃引军还。"又如近代的太平天国战争，湘军在围攻江宁（今南京市）时"会秋疫大作，士卒病者半"（《清史稿·曾国荃列传》），致使太平军因怕染上疫病而不敢接战。这种方式所造成的微生物入侵，可以说是一曲征服者自己奏响的挽歌。

薄伽丘是意大利文艺复兴运动的杰出代表，他与但丁、彼特拉克被合称为"文学三杰"。其最优秀的作品是《十日谈》，而这部作品竟缘起于14世纪四五十年代肆虐于欧洲的腺鼠疫，也就是黑死病。1348年，这场瘟疫蔓延至了意大利佛罗伦萨，使这座美丽的城市芳华尽失，成为恐怖的死亡之城。在当时，每天，甚至每小时，都有大批大批的人染病死去。从该年3月到7月，瘟疫夺去了10万多人的生命，昔日美丽繁华的佛罗伦萨城，尸骨山积、惨绝人寰。正如所说的"国家不幸诗家幸"，薄伽丘深受震撼，为了记录这场灾难，他以这场瘟疫为背景，历时5年，写下了《十日谈》。当时，《十日谈》被称为"人曲"，与但丁的《神曲》齐名，也被称为《神曲》的姊妹篇。

瘟疫是战争的"影子"

在《十日谈》的"序"里这样写道：

......

在我主降生后第一千三百四十八年，意大利的城市中最美丽的城市——就是那繁华的佛罗伦萨，发生了一场可怖的瘟疫。这场瘟疫不知道是受了天体的影响，还是威严的天主降于作恶多端的人类的惩罚；它最初发生在东方，不到几年工夫，死去的人已不计其数；而且眼看这场瘟疫不断地一处处蔓延开去，后来竟不幸传播到了西方。大家都束手无策，一点防止的办法也拿不出来。城里各处污秽的地方都派人扫

《十日谈》

除过了，禁止病人进城的命令已经发布了，保护健康的种种措施也执行了；此外，虔诚的人们有时成群结队、有时零零落落地向天主一再作过祈祷了；可是到了那一年的初春，奇特而可怖的病症终于出现了，灾难的情况立刻严重起来。

这里的瘟疫，不像东方的瘟疫那样，病人鼻孔里一出鲜血，就必死无疑，却另有一种征兆。染病的男女，最初在鼠蹊间或是在胳肢窝下肿起一个瘤来，到后来愈长愈大，就有一个小小的苹果，或是一个鸡蛋那样大小。一般人管这瘤叫"疫瘤"，不消多少时候，这死兆般的"疫瘤"就由那两个部分蔓延到人体各部分。这以后，病征又变了，病人的臂部、腿部，以至身体的其他各部分都出现了黑斑或是紫斑，有时候是稀稀疏疏的几大块，有时候又细又密；不过反正这都跟初期的毒瘤一样，是死亡的预兆。

任你怎样请医服药，这病总是没救的。也许这根本是一种不治之症，也许是由于医师学识浅薄，找不出真正的病源，因而也就拿不出适当的治疗方法来——当时许许多多对于医道一无所知的男女，也居然像受过训练的医师一样，行起医来了。总而言之，凡是得了这种病、侥幸治愈的人，真是极少极少，大多数病人都在出现"疫瘤"的三天以内就送了命；而且多半都没有什么发烧或是其他的症状。

......

关于这场瘟疫的缘起，正如薄伽丘所认为的那样"最初发生在东方"。当前存在一种普遍说法是其始作俑者为西侵的蒙古大军铁骑。根据这种说法，1346 年，蒙古大军陈兵于黑海港口城市卡法（又译为克法，即现在的乌克兰城市费奥多西亚）城下，将意大利商人和东罗马帝国的守军团团围困在卡法城内。但是卡法城固若金汤，守军抵御顽强，使驰骋纵横、所向披靡的蒙古大军久攻不下，演变为了一场持久战。围困整整持续了一年，这时恐怖的瘟疫开始在蒙古军队里暴发。

金帐汗国的彪悍骑兵纷纷倒下，昔日喧嚣的蒙古军阵营里失去了杀气。面对大规模的非战斗减员，蒙古王子被迫决议终止围困。卡法的守军度过了一端安静的日子，正当他们不明所以的时候，却吃惊地发现，蒙古军队用新武器发动了新的一轮攻势：城墙外高大的木质抛石机密密排布。卡法守军知道来者不善，战战兢兢地等候着命运的裁决。随着蒙古王子一声令下，抛石机同时发射投射，"飞弹"向卡法城飞来。然而这些"飞弹"不是石块而是一具具被瘟疫感染、正在腐朽的士兵尸体。卡法城就这样堆满了死尸。不久，城内开始流行恐怖的黑死病，人们终于明白了蒙古军的意图。这场战争开了西方社会细菌战的先河。

鼠疫最早发病于中亚，其携带者是土拨鼠。在蒙古帝国侵入之前鼠疫曾多次传入中国，所以中国也曾发生过地区性鼠疫流行，但影响不大。而欧洲人则在此之前从未接触过鼠疫。城破后卡法城中幸存的意大利商人踏上了流亡之路。他们准备乘船返回自己的国家。然而携带着跳蚤的老鼠也爬上泊船缆绳，藏进货舱，随着帆船驶向地中海。船队在不知情的情况下满载了恐怖和苦难驶向自己的祖国。

当船队还在海上的时候，卡法城被黑死病覆盖的音讯已经传遍四方，欧洲人人自危。船队长途跋涉回到意大利，但当地人拒绝他们靠岸，因为在船行驶途中就曾经有人感染了该病，水手们正纷纷死去。1347年10月，这批商人最后到达了西西里的墨西拿港。惊慌不安的港口人员对船只举行了隔离，可惜为时已晚。就在第一根泊船缆绳衔接到岸上时，老鼠捷足先登，简短的停泊已足以使黑死病登陆欧洲。很快，不但欧洲大陆，连英伦三岛和北非国度也都无一幸免。

在古代和近代的战争中当然没有"机械化部队""快速反应部队"，至于"木牛流马"更属荒诞不经，因此，军队行军打仗、运输物资的工具离不了马、骡、牛、骆驼等，军队的补给也少不了鸡、鸭、牛、羊等禽畜，这些动物也为寄生虫、微生物病原菌的传播提供了便车。战士的口粮、禽畜的饲料如各种谷物等也不可避免地要散落到异国他乡的大地上并生根发芽。战争的根本目的当然是利益，因此战胜方在荣归的时候免不了要带回一些战利品和"土特产"，如珍禽异兽、少见的花卉、各种农作物种子乃至奴隶。甚至有的战争就是为了掠夺生物物种而发动的，如汉武帝为了得到大宛名马——汗血宝马，而派贰师将军李广利多次攻打贰师城，甚至把汗血马喜欢吃的紫花苜蓿也引种回了长安，这是中国历史上首次明文记载外来物种进入中原。

战争促进了物种的大迁移，物种迁移则在某种程度上意味着生物入侵，因此说战争是生物入侵的催化剂。逐利是人的本能，只要有利益的地方必然有战争，现代人尚自顾不暇，即使我们能够穿越时空，返回过去，谁又有能力制止那交迸着火花的戈矛？从这个意义上说，阻击生物入侵的源头可能是无解的。

人类移民的历史由来已久，《圣经》中就记载了约在公元前3000年，摩西带领犹太人离开埃及，前往"流淌着蜜和乳之地"迦南的事例。从分布在全球各地的"唐人街"，我们也可以读出华人迁移的大致历史。你听说过"五月花号"和《五月花号

"五月花号"

公约》吗？有人说美国是从"五月花号"上行驶出来的。1620年，乘坐"五月花号"船从英格兰来到北美的102人被后人称为美国的"移民始祖"，他们为了更好地管理新大陆而自发签署的《五月花号公约》，为在新大陆上建立自治和法治的社会打下了基础，被后人称为美国宪法的两大基石之一。美国在建国之初只有390万人口，历经3次移民潮之后，在1920年美国的人口总数已经超过1亿，就连矗立在纽约港口的"自由女神"也是1886年从法国"移民"到美国的。可以毫不夸张地说，是移民造就、发展和改变了美国。

早期的移民规模尚小，自15世纪中期起，欧洲人通过新航路的开辟，开始向世界大规模扩张，移民潮汹涌而来，在其后的450年间，整个西半球和亚洲的重要部分都被置于欧洲的统治和控制之下。人类移民是为了寻求更好的生存环境，但故土难离，移民总会寻求与原居住地相似的生活条件，因此，人们在迁移的过程中免不了携带一些物种，如农作物种子、花卉、禽畜等。于

是，大规模的移民推动了全球化的物种迁移。

15世纪欧洲人口急剧膨胀，为了寻找黄金和可使欧洲经济发生改观的矿石等原材料，也为了开辟海外殖民地，欧洲渐开航海寻找新大陆之风气。在航海潮中，哥伦布领风气之先。

1493年9月25日，哥伦布开始了历时3年的第二次西行。对于哥伦布来说，这一年时时洋溢着丰收的自豪和喜悦。而对新大陆的生态系统和土著物种来说，这一年却是个沉痛的日子，美洲、澳洲的土地上迎来了第一批生物"移民"。

据记载，在西班牙国王赐给哥伦布的17艘航船上，除去1 500名船员，还满满地装载了牲畜、粮食和作物种子。船队在途

哥伦布

径加那利群岛的时候还向当地土著购买了一些家畜，其中包括以"每头价值70马拉维迪金币"的代价成交的8头猪，因为这些物种更适合欧洲人的口味。满载的动物和植物使得哥伦布的这次远航变成了"播种机"，灾难也因此开始了。

这8头猪告别了故乡加那利，随着哥伦布远渡重洋，最终驻足于伊斯帕尼奥拉岛。该岛气候温暖、雨量充沛、动植物繁多。猪群登陆以后举目是碧绿的青草和多汁的植物果实，低头是植物肥硕的根茎，它们饱食终日，迅速繁衍子孙。在气候湿热、食物繁盛的当地，母猪一年可以产仔3次，每次生育约10头小猪。按当时人们的话来说：猪群以"高复利利息存款增加的速度"壮大队伍。几年之后，这8头猪让伊斯帕尼奥拉岛改变了模样，举目望去，整个岛的山坡上都聚满了猪，而且它们还不断向内陆和

其他岛屿扩散。

两三个世纪后，经过若干代演变，这 8 头猪的后代旧貌换新颜，从原来的憨厚模样变成了另外一幅嘴脸：长长的头、细而短的退、精瘦而敏捷的身体、粗糙暗淡的鬃毛，甚至雄性猪还长着锋利的獠牙。性格也从温顺、憨厚变为暴躁，经常攻击人类。它们开始被称为野猪，是目前世界上几种极其凶猛的野生动物之一。它们中的每一个成员都是哥伦布从加那利群岛上带来的 8 头猪的后代。

15 世纪 20 年代，殖民者把牛带到了墨西哥，不到 10 年，牛群蔓延到了印加地区。到 16 世纪末，在墨西哥的北部，广袤平坦的原野无边无垠，四处挤满了无数的牛。在这里，大约每 15 年牛的数量就增加一倍。1580 年前后，一个来自西方的传道会把一群牛带到了南美的布宜诺斯艾利斯。1638 年，这群牛被遗弃，随后它们肆意繁衍。它们抢夺优良的土地，啃食庄稼、毁坏草场，纵然有食肉动物捕杀，但丝毫没有阻挡住它们壮大队伍的脚步。截至 18 世纪初，该地区的牛已从曾经的 5 000 头增加为 5 000 万头。它们不只是数量增加，而且性情大变，由温顺体贴，吃的是草，奉献的是奶，变为野性十足、凶悍、桀骜的"牛魔王"，时时攻击人类。

马也是殖民者的钟爱之物。在 1620 年，欧洲的贸易商前往弗吉尼亚时携带了一些马匹，其中的几匹走散，成了日后当地整个野马群体的祖先。在当地，大约每 10 年，野马群体就能增加四五倍。到了 17 世纪末，野马在当地已经成为了灾难的同义词，多到"从远处看像是一片林子一样"，它们贪婪地吞噬青草，使草场毁坏殆尽，同时也使以青草为食的家养绵羊、驯化的牛和马沦入"食不果腹"的悲惨处境。

在早期，由于运载工具和运输能力所限，物种迁移的规模较小，随着蒸汽动力的发明，海运、铁路等把物种迁移推向了极致。

21

移民所造成的物种大迁移对许多地区的生态系统和生物群落产生了深远的影响，有的影响已经凸显，有的影响尚在潜伏、酝酿，可能在将来的某一天爆发。据报道，新西兰现有的植物种类是人类首次踏上这片土地时的两倍。该地在很早前就与大陆分离，长期孤立，是世界上最古老的动物地理区，拥有一些珍贵的活化石。除了 3 种蝙蝠（现存两种）以外，新西兰没有任何原生哺乳动物，因此新西兰的鸟类极端特化，并占据了生态系统的所有位置。当人类在公元 800 年到 1300 年到达新西兰后，这个独特的生态系统开始濒临危机。由于人类的猎杀，主要是由于人类带来的其他哺乳动物，如老鼠、狗、猫、鼬、刺猬和澳洲袋貂等的影响，数个鸟类种类被灭绝。现在，该地现有的哺乳动物几乎全部是外来种。

进入现代社会以来，国际贸易、国际旅游等交往活动日益频繁，由于交通工具的发展，人们借助飞机、轮船、火车、汽车等使国与国之间的旅行可朝发夕至，真正实现了"天涯若比邻"。地球变"小"了，而物种迁移的机会却无限增大。旅行者遗忘在口袋中的一枝干枯的花草、夹在日记本中的一朵小花、被卷在裤管里或钩住衬衫的一粒种子，甚至沾在旅游鞋底的泥土，都孕育着物种迁移，甚至生物入侵的风险。

有些物种可借助交通工具进入并蔓延。如豚草原产于北美洲，有专家考证出这种恶性杂草最早是借助火车从朝鲜进入我国东北的。根据 1985 年的调查，豚草已分布到我国 15 个省市并形成以沈阳、武汉、南京、南昌为中心的四大扩散圈。豚草的危害极大，其花粉是人类花粉病的主病源之一，其侵入农田可使农作物减产，豚草还可释放多种化学敏感物质，对禾本科、菊科等植物有抑制和排斥作用。在中国国家环境保护总局公布的我国第一批外来入侵物种名单中就包括了豚草。

地球上的各大洋虽然是相通的，但这并不意味着海洋内的物种可以自由迁移，由于受海洋间大陆的阻隔、温度的差别等影响，许多物种只能生活在局部海域。一些物种却由于船只压舱水的异地排放得以迁移。压舱水是为了保持船舶平衡，而专门注入船舱的水，一般在船舶的始发港或途经的沿岸水域注入，一些海洋物种因此也被携带并排放到异地

中华绒螯蟹

海域。据估计，全球每年由船舶转移的压舱水有 100 亿吨之多。我国沿岸海域的有害赤潮生物有 16 种左右，其中绝大部分通过压舱水的途径而来。还有一些营固着生活的生物可以吸附在船舶上，如藤壶；也有些物种可用螯肢抓牢船体，随船舶而迁移，如中华绒螯蟹。

2. 有意引入——都是无知惹的祸

柳宗元的文章《黔之驴》讲述了一个引进外来物种的故事。引进驴子这个物种的人的初衷却有些滑稽："黔无驴，有好事者船载以入。至则无可用"。可谓天下本无事，庸人自扰之。当然这只是一个寓言，事实上人类引进外来物种的目的是"利字当头"。

"天下熙熙，皆为利来。天下攘攘，皆为利往"，千百年来，人类从逐利的目的出发，主动对地球上的生物物种进行了"乾坤大挪移"。

有些物种是出于经济目的而被引入，如为了获得优质皮张而引入的麝鼠和海狸鼠，作为水产养殖品种而引入的河鲈，以及烟

草、西番莲等一些经济作物。有些物种是作为粮食作物被引入的，如番薯、玉米等。中国美食文化举世知名，"食不厌精，脍不厌细"，人们为了满足口腹之欲，大量引进了食用植物和动物，如番茄、番石榴，乃至福寿螺、牛蛙、非洲大蜗牛等。

在中国古代，由于物种的丰富度较低，人们的饮食要比现在单调得多。在战国、秦汉时期，中国最主要的蔬菜有5种，即《素问》中所说的"五菜"：葵、藿、薤、葱、韭，其中以葵为首，民间称为冬苋菜或滑菜。直到唐代以前，葵菜在日常蔬菜中都占据最重要的地位，元代的王祯在《农书》中提到："葵为百菜之主，备四时之馔"，在汉乐府诗《十五从军征》中有"舂谷持作饭，采葵持作羹"的记载。粮食作物在古代统称"五谷"或"六谷"。至于"五谷""六谷"所包括的品种，则历来说法不一，比较可信的说法是以黍、稷、麦、菽、麻为"五谷"，再加上稻就是"六谷"。黍就是现代北方常见的黍子，又叫黄米，形状像小米但比小米稍大，黄色有黏性；稷是今天所说的小米，现在北方称这种作物为谷子；菽就是豆类。因为麻籽可以充饥，所以麻竟然也被列入五谷，当时食物之单调可见一斑。

各种蔬菜和粮食作物的引入，丰富了中国的饮食品种，功不可没。胡萝卜原产于西亚，传入我国较晚，但推广很快。明人李时珍说它"元时始自胡地来"。黄瓜，原产于印度，李时珍说："张骞使西域得种，故名胡瓜。"莴苣原产于西亚，据说是隋朝政府花重金从外国使者那里求购来的，宋代陶谷在《清异录》中提到："呙国使者来汉，隋人求得菜种，酬之甚厚"，所以民间又叫它"千金菜"。辣椒是美洲印第安人培育出来的物种，明朝末年进入中国。芝麻原产于南部非洲热带草原，后从西域传入我国，所以曾被称为"胡麻"；又因为它是油料作物，故又称"油麻"或"脂麻"。最后以讹传讹，称为芝麻。

番茄原产于南美洲，因为它成熟时色泽鲜艳，最初被视为有毒品种，被人们称为"狼桃"。到了16世纪，英国有个公爵去南美洲游历，见到这种植物后非常喜欢，就把一个果实作为爱情的信物带给了英国女王，女王称其为"爱情的苹果"，但仍然没人敢食用番茄，只是作为观赏植物在欧洲等国繁衍。18 世纪初，法国有位画家成了第一个吃番茄的人，他在一次写生后口渴难耐，冒死品尝了番茄果实，觉得酸甜可口。从此，番茄美名远播，被从有毒植物行列中解放出来，进入人类食品行列，被较大规模地栽培。番茄大概在明末进入我国。

有些物种是作为牧草饲料而引入的。有些是作为药用植物引入的，如草决明、洋金花、澳洲茄等。有些是出于观赏目的被引入的，如各种花草树木、宠物、动植物园中的动植物等。有些是被作为改善环境的物种而引入的，如互花米草。

物种引入往往导致两种情况出现：其一，有的物种引入是成功的，对改善人们的生活或经济的发展极有助益，如前文提到的番茄、番石榴、番薯、玉米等，这些物种成为"座上客"；其二，有些物种引入证明是失败的。在人类没有认识到物种迁移的潜在危险性，或对此已有认识，但警惕性不足的情况下，由于没有对所引入的物种进行恰当的风险评估，或在引入后没有进行恰当的管理，就会导致某些物种脱离了人类的控制，比如说物种逃逸出农田，逃逸出动物园、植物园，逃逸出水族馆和家庭水族箱，然后在自然界中落地生根，已经成人们生命安全、物种保护、生态平衡、经济发展的痛，沦为"全民公敌"，如河鲈、麝鼠、海狸鼠、福寿螺、牛蛙、非洲大蜗牛、草决明、洋金花、澳洲茄、互花米草等。

以植物为例，在我国已知的外来有害植物中，超过 50% 的种类是人类有意引入而造成的。中国国家环境保护总局公布的我国第一批外来入侵物种名单共包括 16 个物种，其中除了紫茎泽兰、薇甘菊、豚草、毒麦外，其余 12 种均与出于经济目的或观赏目的人为引入有关。其中空心莲子草原产于巴西，大约在 20世纪 30 年代传入上海及华东地区，从 20 世纪 50 年代起作为猪饲料推广、栽培；互花米草原产于西欧，1963 年被引种，作为沿海岸护堤和改良土壤的品种以及作为饲料和造纸原料而试种并推广；飞机草原产于中美洲，于 20 世纪 20 年代作为香料植物被引入泰国栽培，1934 年在我国云南南部被首次发现，现已侵入海南、广东等多个地区；凤眼莲原产于南美，1901 年作为观赏植物引入中国，其后作为畜禽饲料被推广；假高粱的原产地为地中海地区，20 世纪初从日本引种到中国台湾，现已分布于我国大部分地区……"请神容易送神难"，彻底清除这些物种的路遥远得看不到尽头。

在中国和东南亚一些国家和地区，人们有买来鸟类、鱼类、龟类等动物放生的习惯，这也孕育着把外来物种放归大自然的危险，需慎重从事。

3. 自然入侵——不请自来的不速之客

有些物种的入侵不是人为原因引起的。风、水的流动或者昆虫、鸟类的携带，使得某些植物的种子、动物幼虫、卵或微生物等发生自然迁移，从而引发外来物种的入侵。

采取这种入侵方式的物种较少，已知的有紫茎泽兰、薇甘菊等。紫茎泽兰和薇甘菊的种子都相当微小。薇甘菊的种子每粒重不超过 0.1 毫克，肉眼几乎看不见。紫茎泽兰的种子每千粒才重 0.045 克，细小如灰尘。这两种种子上都生有冠毛，如同一把把张开的小降落伞，如果你没有见过，可以想象蒲公英种子的样子。每年夏秋季节，种子随风"青云直上"，落到哪里，就在哪里安家。一些动物则凭借自身具有的机动性，随兴致所至，不请自往，成为被入侵生态系统中的不速之客。

松突圆蚧原产于日本和中国台湾，但现在已经扩散到中国的香港、澳门、广东、广西、福建和江西等地。它们就是借助风力，轻松飞跃海峡"空投"到中国来的。

四、生物入侵者之入侵攻略

　　黔之驴是一个失败的生物入侵者，其失败的原因在于外强中干，自身战力不够强大："虎见之，庞然大物也，以为神，蔽林间窥之。稍出近之，慭慭然，莫相知。他日，驴一鸣，虎大骇，远遁；以为且噬已也，甚恐。然往来视之，觉无异能者；益习其声，又近出前后，终不敢搏。稍近，益狎，荡倚冲冒。驴不胜怒，蹄之。虎因喜，计之曰，'技止此耳！'"

　　作为一个外来物种，因偶然的原因，不远千里，被孤零零地抛弃到异国他乡的土地上，登上竞争生存权的"PK"台，注定要饱尝本土物种的"歧视""欺凌"甚至"围追堵截"，终生要面对自然界的主人"必欲除之而后快"的"追杀令"，同时还要克服水土不服、资源短缺等自然条件的限制，然后经过积蓄力量后才能不断发展壮大，"开疆拓土"，最后反客为主，让本土生物望风披靡，在某一区域占据绝对优势。能做到这些，生物入侵种自身必然有些特质，正所谓"打铁先得自身硬""有了金刚钻，才能揽瓷器活"；不仅如此，仅凭一夫之勇还不足以成事，经科学研究发现，它们还掌握了一定的"战略战术"。

1. 倚多为胜

　　《西游记》中的孙悟空武功高强，但有时毕竟双拳难敌四手，每当这时，他就会揪一把毫毛，吹一口仙气，刹那间幻化成无数个自身，战力顿时增强。这大概是人类最早的有关"无性生殖"和"生物克隆"的文字描述。经研究发现，繁殖能力强几乎是所有生物入侵种的"基本功"。大概它们也深谙"多子多福""多一个同伴，多一份力量"这一朴素而深刻的道理。

斑马贻贝有惊人的繁殖能力，一般来说，在适宜的环境里，当温度达到12℃时，雌贝就可以开始产卵。入侵美国的斑马贻贝在每年的7月底和8月底各产卵一次。一只成熟的雌贝一次可排4万多只卵，每年产卵近10万只。雌贝把卵排放到水中，等待雄贝受精。其后，在温暖的水面上，数日之后卵就可以孵化成幼虫。

危害巨大的斑潜蝇也是名副其实的"超生游击队"。其实斑潜蝇只能生存两周左右便会结束短暂的一生。但是在这短暂的一生里它们一直在忙碌的事情就是繁殖后代，"悠悠万事，唯此为大"。据报道，在温度较高的国家和地区，斑潜蝇在一年中的任何时间都可以进行繁殖，可谓是"生生不息"，然后"子又生孙，孙又生子；子又有子，子又有孙。子子孙孙，无穷匮也。"所以，它们在一年的时间里可以发生十几个世代。

凤眼莲俗称水葫芦，是一种浮水植物。它惊人地美丽，每株成熟的个体有六七片叶子，碧绿的叶片宽大而又温润，表面似乎涂了一层蜡质，每片叶柄的中间凸起，宛如结了一只葫芦。全部叶片斜斜地向上向外伸展，造型如同神仙的"莲座"。在莲座中间托出了美丽的淡紫色的花冠，它的花是穗状的花序，由6～10

凤眼莲

朵漏斗状的小花组成，每朵小花又分为 6 瓣，闪耀着淡紫、紫蓝或粉色的光芒。这 6 瓣中最上面一片稍大些，花瓣中心生有一斑黄色，形状宛如凤眼，又像闪耀的烛焰，凤眼莲因此而得名。

凤眼莲具有极强的繁殖能力。它的繁殖方式分为有性生殖和无性生殖两种，而以无性生殖为主。有性生殖，顾名思义，就是必须通过两性生殖细胞（雌配子与雄配子或卵与精子）的结合，产生新个体的生殖方式。无性生殖就是不经过生殖细胞的结合，由亲体直接产生子代的生殖方式。在春夏之际，依靠匍匐枝与母株分离的方式，在最适合的条件下，凤眼莲每 5 天就能繁殖出一个新植株；每隔 90 天，就能由原来的一株"幻化"成 25 万株。想一想，一片水域中的凤眼莲数量每 5 天就能增加一倍，呈几何基数增长，该是何等惊人。这些凤眼莲"手拉手"，根连根，形成"接天莲叶无穷碧"的壮观景象，遮天蔽日，排空而来，让其他生物几无容身之处，且淤塞河道，影响通航。

凤眼莲以无性生殖为主，有性生殖为辅。每逢花开时节，娇美的花朵便低下头弯下腰，孕育着粒粒果实，每个穗状的花序可以结出大约 300 粒种子。果实发育成熟后将会迫不及待地在水面裂开，将希望的种子撒向水面。

云南昆明的滇池是我国著名的风景旅游胜地，其自古以来就是昆明的水源地。20 世纪 90 年代，滇池水域近 1 000 公顷的水面上曾经全部生长、覆盖着凤眼莲，覆盖率几达 100%，这些凤眼莲的厚度为 1～2 米，密度极高，导致无法行船。由于凤眼莲的疯狂生长，滇池内原有的很多水生生物已处于灭绝的边缘。根据资料记载，20 世纪 60 年代滇池内的主要水生植物有 16 种，水生动物有 68 种，到 80 年代，大部分水生植物相继消亡，水生动物也仅存 30 余种。

一枝黄花也有超强的繁殖能力，除了可用种子进行有性生殖外，也可如凤眼莲那样进行无性生殖，不过它利用的是根状茎，如同竹子的根那样在地下四处蔓延，两三年后就迅速成片，用

"雨后春笋"来形容真是再恰当不过了。它的种子数量巨大、体积小、重量轻，带有冠毛，既可以随风飘移，也可以黏附于移动物体上迁移，很容易大范围扩散。一枝黄花具有极强的生长竞争能力，占据空间，排挤其他植物的生长。在它的生长区域里，其他作物和杂草无法生存，可谓"佛挡杀佛，鬼挡杀鬼"，侵入牧场，牧场消亡，侵入农田，农田绝收，行踪所至，"满城尽戴黄金甲"。"我花开处百花杀"成了它的真实写照。由于一

加拿大一枝黄花

枝黄花的根状茎在地下"手拉手""心连心"，根除它们极其困难，除非一株不剩地斩草除根，否则"春风吹又生"，又会卷土重来。

除了凤眼莲、一枝黄花外，薇甘菊、空心莲子草、紫茎泽兰都可依靠它们的茎进行无性繁殖。薇甘菊的英文名称是"Mile-a-minute Weed"，翻译成中文就是"一分钟一英里"，从这个名称就可以想见其惊人的生长和扩散速度。繁殖能力强、扩散速度快几乎是所有入侵生物的特性，如美国白蛾可以每年35～50公里的速度从它的占领区域向外扩展。

福寿螺原产于南美洲亚马逊河流域，在20世纪70年代被引入中国台湾，1981年由巴西被引入广东。1984年后，福寿螺已在广东广为养殖，后被释放到野外。福寿螺适应环境的能力很强，繁殖速度极快。它一年可繁殖两代，一次产卵数千粒，孵化后的幼螺生长4个月就可以

福寿螺

产卵，这样，一只螺一年可繁殖 30 万个后代，因此迅速扩散于河湖与田野；其食量大且食物种类繁多，能破坏粮食作物、蔬菜和水生农作物的生长。

2. 打不死的小强

自从周星驰主演的《唐伯虎点秋香》上映以后，"小强"（即蟑螂）的美名不胫而走，被公认为史上生命力最顽强的生物。有些生物入侵种天生就具有这种本领，抗逆性极强。如果一种生物对生存环境不怎么挑剔，严寒不避、烈日不惧，面对强光和阴冷的地方、盐碱地和沙漠，乃至湖泊都欣然，甚至对人类的毒杀都视作浮云；如果一种生物对食物不怎么挑剔，有时多吃，没有时少吃甚至不吃；如果一种生物周身宛如"钢筋铁骨"，任身体被百般践踏，只要没有完全腐烂，待到时机成熟仍是"一条欢蹦乱跳的好汉"，这样的生物，想要压制它，不让它"脱颖而出"，那也太难了。对于它们，人类最明智的选择是"敬而远之"，尽可能地让它们保持原生态。

凤眼莲悬浮在水中，亭亭玉立，微风吹过，徐徐前行，如同轻抚杨柳，摇曳多姿。因此在 1844 年，它第一次出现在美国所举办的博览会上以后，立即以其美丽而倾倒众生，被誉为"美化世界的淡紫色花冠"。然而，它可以说是一切抗逆本领的集大成者。它本身既姿容不俗、多才多艺，又为恶多端，完美地诠释了"恶魔与天使"的两重性。

首先来说，凤眼莲"出淤泥而不染"，即使在富营养化的水域里也能很好地生存。所谓"富营养化"的水域就是由于氮、磷等植物营养物质含量过多，而使水质被污染的水域。这些营养物质从何而来呢？多来自于一些无良工厂排放的废水。在富营养化的水域中，溶解氧含量极低，甚至接近没有，水体的透明度极低并伴有大量的有机和无机有毒物质。当出现富营养化现象时，由于浮游生物大量繁殖，往往使水体呈现蓝色、红色、棕色、乳白色等，这种现象发生在江河湖泊中叫水华，发生在海洋中就叫赤潮。

许多沉水植物难以在富营养化的水体中生存，而凤眼莲在此沧海横流时，尽显英雄本色。它的叶柄具有气囊结构，也就是"葫芦"，就如同氧气袋，可以把从空气中吸收的氧源源不断地通过组织向水体中的根系输送，保证了氧气的"自给自足"。然后它大显身手，大量吸收水中的氮、磷等营养元素，甚至连重金属盐、酚类等毒物也一扫而空，从而起到净化水体的作用。这也是当初人们引进这一物种的原因之一。

凤眼莲不仅在富营养化的水域，甚至在极度污染的、含有大量重金属盐的废水中活得很滋润，低营养的水域它也能坦然面对，这主要得益于其根系具有形态上的可塑性，就是说可以变换形状。在低营养的水域中，其根系可通过变换形状来增大与水体的接触面积，以增加营养的吸收，保证自己"吃得饱""吃得好"，它还可以调整自己根系的生理学特征，以缓解和适应低营养状态下的压力，渡过难关。曾有人做过这样的实验，为了检测凤眼莲的耐受力，把它们养在蒸馏水里，然而人们吃惊地发现凤眼莲真的经受住了考验，在这营养物质近乎为零的环境里，它们只是暂时停止了生长，未表现出任何死亡迹象。一旦转入适宜的环境，凤眼莲很快又变得生机勃勃。

凤眼莲虽然本领高强，但是很难为人类所驾驭，一旦它悄悄地向着人工饲养的区域外扬上一把种子或者偷偷地探出一根匍匐枝条，人类的噩梦就开始了。

有些生物入侵种有"水陆两栖作战"，甚至"全天候作战"的能力，同时还练就了一身"金钟罩"硬功夫，空心莲子草当属它们中的翘楚。空心莲子草演化出了水生型和陆生型两种生态型，笑傲两种极端的环境。其陆生型有极强的耐旱能力，是著名的耐旱植物。其陆生型的叶片较水生条件下叶片的长宽略小，厚度略厚，叶片角质层增厚，气孔下陷，这些变化可减少水分散失。当冬季温度降至 0℃时，空心莲子草的水面上或地上部分已被冻死，但水中和地下的根茎仍孕育着生机，当春季温度回升至 10℃时，越冬的水下或地下根茎即可萌发。空心莲子草在贫瘠的土壤中经 30 天 35℃以上的高温和伏旱仍可正常生长；在机械翻耕后，其茎的切段在土壤中仍能继续生长繁殖；它的茎段经曝晒 1～2 天后仍能存活。甚至它在被制成肥料或当作饲料被家畜吃掉后，如没有完全腐熟或未被完全消化，它的茎段在进入农田后仍会造成再次侵染。它令人吃惊的生存能力让人不由得想起科幻电影中打不死的怪物。一枝黄花也近似于有这种能力，它在山林和沼泽中都能生长。三裂蟛蜞菊耐旱又耐湿，能抗 4℃的低温。

斑马贻贝最钟爱温度为 12℃、盐浓度为 0.21‰～1.47‰的水体环境，同时又能耐受 7～32℃的温度和最高为 13.4‰盐度的水体。恐怖的是成体斑马贻贝甚至能够脱离水环境，在温度和湿度适宜的陆地环境中生存一小段时间。英国剑桥大学的研究者曾经针对它们研制出了特制的"氯炸弹"，希望借助这种新式化学武器将其一鼓荡平。最初确实也收到了一些效果，研究者脸上一度露出了欣慰的笑容。然而这笑容很快就僵在了脸上，因为研究者发现"道高一尺，魔高一丈"，狡猾的斑马贻贝吃一堑长一智，很快总结出了反围剿措施：它们能灵敏地分辨出水中是否投了氯毒，然后迅速关紧外壳，严防死守。大约要过 3 周，它们才会试探性地露出头来，确认没有危险后才恢复正常生活。研究人员索性加大了投毒的剂量和次数，却酿成了严重的后果，一只斑马贻贝也未杀死，却使大量无辜的水生生物死伤累累。

3. 先示弱，再示强

有些生物入侵种在侵入某一区域后，能够"审时度势""权衡利弊",在"斗争形势"不利(生存条件不合适,如低氧、过多水分、不适宜的光照)的情况下,它们就会转入"潜伏状态"——休眠,先示弱,再示强,以尽可能地保存有生力量,不做无谓的牺牲。

孙悟空反抗天庭失败被擒,压于五行山下 500 年,历经了野火焚烧和冰雪覆盖,饥餐铜丸,渴饮铁汁。然而一旦得脱困厄,一身功力未失,依然是武艺高强的齐天大圣。无独有偶,有些生物入侵者能够在休眠数十年以后依然"一颗心儿未死",依然"信念不衰"。

绝大部分植物的种子在成熟后,如遇适宜的条件即可萌发,有些植物的种子因胚未成熟,种皮、果皮对水的不透性以及存在发芽抑制物等原因,必须给予特殊的刺激后才能萌发,这称为种子的休眠。豚草的种子有二次休眠的特性,就是说原本已能正常萌发的豚草种子,在遇到不利条件时仍能转入休眠。据报道,豚草种子就算被埋在地下 40 年也照样可以发芽。凤眼莲的种子在淤泥中可以熬过漫长的 20 年光阴。一些动物在环境不利的情况下也会发生休眠现象。福寿螺是水生物种,却可在干旱季节躲在湿润的泥土中休眠 6~8 个月,一旦有水后,又会继续活跃。非洲大蜗牛在不良环境下可休眠几年。

4. 孙刘联姻,化敌为 "友"

在《三国演义》中提到了一场政治婚姻,孙权与刘备本属对垒的双方,在多次纷争中孙权一方不占上风,于是他主动与刘备联姻。这当然是"醉翁之意不在酒",孙权的目的在于借此控制、瓦解刘备集团。有些生物入侵种正是通过与本土近缘种"联姻"的方式——杂交,达到了"瓦解对手,壮大自己"的目的。杂交后代一般具有杂种优势,其竞争力更强,这样入侵种就轻而易举地抢占了原本属于本土生物的生存空间。更为重要的是，通过杂交，生物入侵种实现了使自己的基因向本土物种的渗透，使本土物种的基因被污染，变得种质不纯，而杂种后代因为结合了本土种的基因而增加了对新环境的适合度。这样，入侵者就实现了静悄悄的"不流血的革命"。在美国加利福尼亚州海岸分布着一种杂草，它是作为生物入侵种的杂草（*Carpobrotus edulis*）和本地土著种（*C. chilensis*）杂交后产生的后代。这种杂种后代表现出了很强的生长能力，远远高于它的土著亲本，而且对食草动物的抵抗能力也增强了很多。

我国台湾居民喜养画眉鸟，因此大量输入画眉鸟种类。有些引进的画眉鸟在被放生后与当地的野生画眉鸟杂交，逐步"雀占鸠巢"，使野生画眉鸟的生存受到威胁。同样，外来的环颈雉也与当地的野生种类杂交，使野生的环颈雉逐渐失去了基因上的特点，现在，血统纯正的环颈雉在当地已极为罕见。有些入侵者擅长广结良缘，它们甚至能和不同属的种杂交，比如加拿大一枝黄花可与假蓍紫菀杂交。

5. 同盟军协同入侵

有些入侵物种自身存在难以克服的缺点，因而单凭一己之力难以进行大规模的入侵，于是就与其他物种建立"攻守同盟"，以"多兵种联合部队"的方式协同入侵，让人叫绝。松材线虫与松墨天牛就是这样的一对"利益共同体"。

松材线虫病又名松枯萎病，是影响我国森林生态最严重的森林病害。松材线虫也是世界各国严密防范的入侵生物。松材线虫迫害的对象主要是松属数种，如马尾松、日本黑松、白皮松和红松等，也包括部分非松属的树木，如一些落叶松属和云杉属的树种。患病的树木所表现出来的外部症状是针叶陆续变为黄褐色乃至红褐色，逐渐萎蔫，最后整株枯死。远远望去，患病的树木宛如熊熊的火焰。然后星火燎原，"火势"越来越大，大片的美林在"火灾"中化为乌有。曾有地区的村民误以为树木起火，出现了携带工具上山扑火的事例。

在我国，松材线虫病于 1982 年首见于江苏南京，到 2005 年初已有疫区 80 多个，发生虫害面积达 120 万亩，直接、间接损失达上千亿元。欧盟、美国等因此对我国松类制品的进口提出了苛刻的检疫要求。

"着火"的松林

（引自万方浩等，《中国生物入侵研究》，科学出版社）

松材线虫无足无翅，因而步履维艰、"作战机动性"不强。其长距离扩散主要依靠潜藏在患病的树苗、木材以及用患病树木所制成的木制品中靠人为带入。而其一旦进入新的生境中以后，马上会找到与其"狼狈为奸"的接应者——松墨天牛。松墨天牛可携带线虫，借助其飞翔的翅膀，二者组成"机械化部队"协同入侵。当然松墨天牛也不是甘愿助人为乐的奉献者，它们是为了共同的利益而走到一起的。每只天牛最多可携带 25 万～30 万条线虫，当天牛咬食松树嫩枝的树皮时，线虫幼虫就从树的伤口处进入树体，然后大量繁殖。被松材线虫侵染后干枯的松树又是天牛的最佳产卵场所，在松墨天牛的卵羽化为成虫时，线虫又可以继续搭乘天牛继续侵染，这样就循环往复，绵延不绝，二者配合默契、利益共沾。

其实松墨天牛的飞翔本领也不算很出类拔萃，每一只天牛每次移动的距离也不过 1 米左右，每天平均移动 3.6 次。如果它们被裹挟在大风里，依靠风力就可以进行长距离的迁移。如果运气好，遇上了台风，很快就会到达千里之外。由于这种原因，一些远离城市的孤岛上也会有松墨天牛从天而降，继而引发大面积的森林"火灾"。

在这种入侵方式中，最普遍的例子是病原体与寄主的结伴入侵。在新环境中，病原体可使土著物种大量死亡，从而为寄主"清除异己"。例如牛蛙和虹彩病毒，该病毒寄生在牛蛙身上，虽然对牛蛙不产生危害，却会危及新环境中的土著鱼类等物种。

6. "生化武器" 显威力

有些生物入侵种在与本土生物竞争时不按规则出牌，它们使出各种"生化武器"，也就是自身分泌的能够抑制其他生物生长的物质，杀伤对方于无形，以完成征服历程。

松材线虫体内就具备这样的"生化武器库"，它能大量分泌纤维素酶和毒素。植物的细胞壁是保护细胞内容物的"城墙"。松树的细胞壁里含有大量的纤维素，因而比较坚固。而纤维素酶则可以使纤维素迅速分解，使得"城墙"倾颓，细胞变得不堪一击；毒素可以轻松地破坏掉松树的薄壁组织和负责分泌油脂的细胞，二者结合，问题迎刃而解。毒素还具有扩散能力，这成了松材线虫入侵的开路利器。人们往往发现，松材线虫尚未进军到新的地点，前方已经风声鹤唳，已经发生松树坏死现象。

加拿大一枝黄花属菊科植物，它的"生化武器"为母菊酯和脱氢母菊酯（其腐败的残体也能释放这类物质），可抑制其他生物的生长。薇甘菊是一种藤本攀缘植物，在攀上灌木和乔木之后，它能迅速用枝蔓"织就""天罗地网"，把对方完全覆盖，剥夺对方享受阳光的权利。这招"釜底抽薪"已经足以致命了，但它还"不依不饶"——分泌毒汁，抑制对方的生长。飞机草分泌的化感物质既能抑制临近植物的生长，还能使昆虫不敢吃它，可谓"一石二鸟"。一年蓬也属菊科植物，它的根也能分泌母菊酯和脱氢母菊酯等，可抑制水稻等谷物胚轴和根的生长。豚草、紫茎泽兰、三裂蟛蜞菊、土荆芥、银合欢等入侵生物也都能分泌化感物质，以达到"唯我独尊"的目的。

7. 快速进化，战力升级

　　生物进化通常被认为是一个缓慢的过程，经历的时间远远超过进化研究者的寿命，因而不可能被直接观察到。不过，生物体在面临环境变化时会发生超越正常速度的进化，比如说面对人类对动物的捕杀，动物个体会越长越小，因为个体越小越不吸引眼球，躲过捕杀的可能性就越大。

　　加拿大的大角羊也因此变得越来越"低调"。它们最引人注目的是公羊头上都长着一对奇大无比的角。这种巨大的角曾为它们带来好运，让它们在恶劣复杂的环境中得以生存，世世代代繁衍生息。可是，大角也给它们带来了厄运，它们的大角吸引了众多的猎人。为了逃避猎人的捕杀，大角羊的角越来越小。科学家解释说，猎人对成年公羊的过度捕杀"耗尽"了大角羊的遗传基因。

　　一些生物入侵种在面对新环境的胁迫时也表现出了快速适应性进化的特点，使自身遇挫愈强。

　　稗子在从较温暖的北美南部地区入侵到较冷的加拿大魁北克后，在生理上发生了快速适应性进化，即通过提高某些酶的催化效率来适应较低的温度环境。一种叫早熟禾的杂草，在侵入新的环境后，其生活史和性状都发生了变化，由一年生变为多年生，同时花序的树木和大小也有了改变。许多外来杂草在侵入新的生态系统以后，种子变得比本地同属种的种子更小，"好风凭借力，送我上青云"，这显然更有利于种子的扩散和传播；花期变得更短，这有利于其快速完成生殖过程，实现"多子多福"的愿望。有的杂草在外形上变得和当地的农作物很相似，鱼目混珠，以躲避人类的"清洗"。

兔子的耳朵有聚拢声波和散热的作用。欧洲野兔在被引入澳大利亚后，在较温暖的气候中进化出了较瘦的身体和较长的耳朵。较长的耳朵对于潜藏在草丛中的兔子来说，是类似于"潜望镜"的"潜听器"。这些变化无疑会使兔子变得更灵敏、更具适应性。火蚂蚁和阿根廷蚁原产于阿根廷。它们在原产地忙于"内耗"，同种内不同巢穴个体之间的争斗激烈，巢穴之间界限分明，因而只能形成小而分散的蚁群。而侵入北美以后，它们却能"识大局，顾大体"，做到了"兄弟阋于墙而共御侮于外"，蚁群内的争斗减少，巢穴之间没有明显的边界，数个家族能生活于同一领地，形成较大的社群。这使得种群的生活力和繁殖力大大提高，因而种群具有了更大的竞争能力。

五、外来物种入侵引发的"血案"

1. 生态系统和生物多样性之殇

　　亚利桑那大学的昆虫学家和环境伦理学家伊丽莎白·魏洛特曾经写过一篇有关生态重建的文章,名字叫《重建自然,可以没有蚊子吗》。文中谈到了蚊子对人类有什么好处的问题。

　　如果单纯以人类为中心进行思考,那么蚊子无疑是极度可厌的,它们既传播脑炎、登革热、疟疾等疾病,又天性嗜血,在夏日彻夜嘤嘤嗡嗡,扰人清梦,使人欲求一场酣睡而不得。每当这时候,人们大概会想起《大话西游》中喋喋不休的唐僧,油然认同孙悟空的感受:"……抓住苍蝇挤破它的肚皮把它的肠子扯出来再用它的肠子勒住它的脖子用力一拉,呵——!整条舌头都伸出来啦!我再手起刀落哗——!整个世界清净了……"

　　如果跳出人类中心主义,从自然和生态系统平衡的角度来思考一下,孙悟空的做法是完全不可取的,因为任何一个物种都是生态系统中的一分子,有其存在的价值。伊丽莎白·魏洛特认为,蚊子也不是全无用处,它可通过传播疾病来控制其他一些动物的种群数量。还有一些生物,比如鱼类、蛙类、鸟类和蝙蝠等,以蚊子为食。如果蚊子灭绝了,那么一些相关物种可能面临食物短缺的困境,另一些物种则可能因为不再受传染病的影响而数量暴增。

在一个稳定的生态系统中，物种之间的关系达到了一种最优状态，每个物种都找到了自己的位置，都有了自己的资源空间，"大鱼吃小鱼，小鱼吃虾米"，虾米也有泥巴可吃。这种最优状态是经历了无数年的自然选择和物种间的互相磨合而达到的，每个物种都成了"利益链"中的一环，互相依赖，互相制约，任何物种受损都可能成为引发"多米诺骨牌效应"的第一推动力。关于这一点，还是唐僧的觉悟高，他身体力行"扫地不伤蝼蚁命，爱惜飞蛾纱照灯"，还时常劝诫徒弟们注意关爱自然界中的一草一木："……月光宝盒是宝物，你把它扔掉会污染环境，要是砸到小朋友怎么办？就算砸不到小朋友砸到那些花花草草也是不对的……"

关于生态系统有一个很枯燥的定义：是在一定时间和空间内，生物与其生存环境以及生物与生物之间相互作用，彼此通过物质循环、能量流动和信息交换，形成的一个不可分割的自然整体。解读这个定义，"不可分割"是"文眼"，外来物种的进入，则硬生生地把这一不可分割的整体撕扯得支离破碎。在外来物种入侵之初，由于要经历一个潜伏期，其数量较少，对生态系统的影响不大，但在经过蛰伏以后，它会进入发展阶段，个体数量剧增，开始疯狂地掠夺资源，抢占生存空间，排挤本土物种，发展到极致时，本土物种纷纷消亡。历经千百万年才建立起来的平衡状态轰然而倒，生态系统遍体鳞伤。生态平衡的破坏在某种程度上就如同不可逆化学反应，有些平衡一旦被打破就无法重建，所造成的恶果是永远无法弥补的。

凤眼莲给滇池造成损失的案例是入侵物种破坏生态系统的经典案例之一。滇池又名昆明湖，是我国第六大淡水湖，也是云南面积最大的高原湖泊，素以"高原明珠"闻名于世。许多人通过清朝名士孙髯翁撰写的"昆明大观楼联"了解了滇池："五百里滇池，奔来眼底。披襟岸帻，喜茫茫空阔无边……数千年往事，注到心头，把酒凌虚，叹滚滚英雄谁在……"该联被誉为"古今第一长联"。也有人因明代状元杨慎的《滇海曲》而对滇池心生向往："滇海风多不起沙，汀州新绿遍天涯；采芳亦有江南意，十里春波远泛花""蘋香波暖泛云津，渔枻樵歌曲水滨；天气常如二三月，花枝不断四时春"。

滇池，曾经十分美丽。站在龙门上，居高临下，碧波万顷尽收眼底，它一日之内，随着天际日色、云彩的变化而变幻无穷。然而现在去寻访滇池的人可能要失望了——诗句犹存，滇池不再！20世纪80年代，昆明曾建成了大观河—滇池—西山的水上旅游路线，游客可以从市内乘船游览滇池、西山。但在90年代初，凤眼莲侵入大观河和滇池，覆盖了大观河整个河面和滇池的部分水面，使航道受阻，生态景观遭受重创。凤眼莲腐败的残体使昔日人人欲一亲芳泽的"高原明珠"变为人人掩鼻而过的臭泥塘。这条旅游路线最终被迫取消，在大观河两岸兴建的配套旅游设施只好废弃或改做其他用途，大观河也改建成了地下河。滇池内著名的鱼种金线鱼，为云南四大名鱼之一，国家二级保护动物，曾广泛分布于滇池流域。由于滇池水体富营养化，

曾经美丽的滇池

滇池中凤眼莲盛开

现在在滇池主水体中已
经灭绝。

凤眼莲还有个特点
就是"天性好饮"，其祸
及之处，不论湖泊还是
河流，面积都会萎缩，
储水量都会下降，渐渐
露出河床。因此人们不
无厌恶地称凤眼莲为

在大观楼上拍摄的滇池景象

"能将一个海洋的水吸干的草"。究其原因是凤眼莲能产生高强度
的蒸腾作用，它的蒸腾速率约是其他自由漂浮植物的两倍。

互花米草原产于美洲大西洋沿岸和墨西哥湾，适宜生活于潮
间带。由于互花米草秸秆密集粗壮、地下根茎发达，能够促进泥
沙的快速沉降和淤积，因此，20 世纪初许多国家为了保滩护堤、
促淤造陆，先后加以引进。自 1978 年从美国东海岸引入中国以
来，互花米草从最初的东南沿海地区扩散到了除海南岛、台湾岛
之外的全部沿海省份。固然其因耐盐分、生长快的特点在保滩护
堤、促淤造陆方面建树不小，也因此成为在中国海岸潮间带生长
的先锋植物（能够在极端地区，比如严重缺乏土壤和水分的石漠
化地区生长的植物，这些植物由于具有极其顽强的生命力，被科
学家称为"先锋植物"，也叫"极地先行者"），但是比起它对生
态环境的破坏来说，真是功不抵过。因此它也"荣登"了中国国
家环境保护总局公布的我国第一批外来入侵物种名单。

互花米草入侵后全方位为恶，致使生物链严重断裂。比如说
它取代了海三棱藨草等土著植物；降低了昆虫的多样性；导致鱼
类、贝类生物大量死亡，使水产养殖业遭受严重威胁；生物链的
断裂又直接影响了以小鱼为食的岛上鸟类。而且它还大小通吃，
影响了土壤微生物群落的多样性。

生态系统有很多类型，如森林生态系统、草原生态系统、海

互花米草　　　　　　　　　　海三棱藨草

洋生态系统、湿地生态系统、农田生态系统等。人们可以从稳定的生态系统中源源不竭地提取"利息"。看一看生态系统可提供的服务项目单：供给服务，如食物、淡水、建材、药材等；调节服务，如调节气候、净化空气、调节水资源、净化水质等；文化服务，如提供审美价值、文化灵感、旅游休闲价值等。生态系统从肉体到心灵，无微不至地呵护着人类。入侵生物的到来，则意味着生态系统的服务项目单将日渐萎缩。人类的命运与生态系统息息相关，人与生物入侵者围绕着生态系统的对垒，实质上是对开启"末日之门"钥匙的争夺。

生物入侵不仅危及生态系统的稳定性，还危及生物多样性。入侵生物的繁盛是建立在土著生物凋零的基础之上的，其行踪所及，土著生物一片哀鸣，生物多样性"江湖告急"！

我国著名的旅行家、地理学家徐霞客在游览黄山后，曾以"五岳归来不看山，黄山归来不看岳"表达对黄山景色的赞叹。能让足迹踏遍青山，本应"曾经沧海难为水"的徐霞客认为"风景这边独好"，黄山的魅力可见一斑。奇松、怪石、云海、温泉，是黄山的"四绝"，而奇松乃是"四绝"之首，黄山松是植物学上一个独立的品种。黄山"无处不石，无石不松，无松不奇"，七十二峰，处处都有青松点染，或盘根于危岩峭壁之中，挺立于峰崖绝壑之上，或倚岸挺拔，或盘曲遒劲，或独立峰巅，或倒悬绝壁，或冠平如盖，或尖削似剑……然而数年前，松材线虫已逼近到离风景区不到 60 公里，黄山松危在旦夕！

内伶仃岛位于珠江口内伶仃洋东侧，岛上有占地 460 公顷的国家级自然保护区。内伶仃岛峰青峦秀，翠叠绿拥，秀水长流，植物种类繁多，其中白桂木、野生荔枝等为国家重点保护植物；野生动物资源也十分丰富，主要保护对象为国家二级保护兽类猕猴，总数达 900 多只。现在该岛有 80% 的面积正承受薇甘菊的肆虐，香蕉、荔枝、龙眼以及一些灌木和乔木被薇甘菊覆盖，因难以进行光合作用而相继死亡。植物物种多样性的丧失又危及到

黄山松

了鸟类、猕猴等的生存。如对薇甘菊的入侵控制不力，不难想象，伶仃岛将面临"千山鸟飞绝，万径猿踪灭"的境遇。

20 世纪 50 年代以来，为提高渔业产量，云南先后引进了一些鱼种，土著鱼类因此遭受了致命打击，至 60 年代末，土著鱼类的种类和种群数量都急剧减少。如洱海原以大理裂腹鱼和特产鲤鱼为主，现几乎全被外来种所代替；滇池原产鱼类 25 种，如今只剩 2 种。加拿大一枝黄花在上海蔓延后，在近 20 年来导致上海地区 30 多种土著植物物种消亡……

对于人类来说，多样性的生物不但为人类提供食物、纤维、药物、建筑和工业原料，而且能维系生态系统的结构和功能，保持生态系统的稳定性，保护人类生存的乐园。无论哪种生态系统，多样性的生物都是其不可或缺的组成成分，生物之间相互依存、相互制约，保持平衡。按照生态学的原理，物种多样性导致

生态结构稳定性，单一性导致生态结构脆弱性。生物多样性一旦降低，生态系统祸至无日矣。在入侵生物中占据绝对优势的生态系统中，看似入侵植物欣欣向荣，生态系统一片繁茂景象，实际上这种生态系统非常脆弱，其抗风险能力极差，如千钧系于一发，看似平衡，实则危机四伏。

以农田生态系统为例，如农作物品种过于单调，面对新的病毒或病虫害的袭击，就有可能遭受毁灭性的打击。历史上曾发生过因种植单一品种作物而造成的大悲剧。19世纪中期，有一种名叫卢姆伯的马铃薯在爱尔兰的农业和食物中占据了主导地位。这个品种有易管理、高产、口味好等诸多优点，但它不能抵御马铃薯枯萎病。从1845年起，枯萎病的孢子开始在爱尔兰随风传播，只要几天工夫，一片绿地就会变成一片烂泥，空气中弥漫着腐烂马铃薯的臭气，爱尔兰的农业遭受了致命打击。3年之间，每8人就有一个饿死，一共死了100万人。

自然界的生物之间是相互依存的，除了众所周知的共生、寄生等关系外，有些生物之间看似毫无关联，实则它们就如《红楼梦》中的贾、王、史、薛四大家族一样，是"一损俱损，一荣俱荣"的。

在英语中有这样一个成语"as dead as a dodo"，如果直译成汉语的话就是"死得和渡渡鸟一样"；如果遵循"信、达、雅"的翻译原则，可以翻译成"逝者如渡渡"。其内在含义是"死透了"或"早就过时了"。举个例子，如果认为某个人的发式不是那么新潮，不够拉风，就可以说"That hairstyle is as dead as a dodo now"（那种发式早就没有人梳了）。

渡渡鸟是仅产于毛里求斯岛上的一种不会飞的鸟，它体形肥胖，看起来憨态可掬。在英国作家刘易斯·卡罗尔（Lewis Carroll）所写的《爱丽丝漫游奇境记》一书中，小姑娘爱丽丝为了追赶一只兔子而掉进了一个兔子洞，在那里她遇到了许多人和动物，其中就有一只"爱用莎士比亚的姿势思考问题"的渡渡鸟。

其实刘易斯终其一生也没能见过一只活着的渡渡鸟,他生于1832年,而在1681年地球上的最后一只渡渡鸟就被杀害了,从此人们只能在标本室和图册上看到它的样子。

刘易斯·卡罗尔　　　　　　　　《爱丽丝漫游奇境记》

16世纪后期,欧洲人登上了毛里求斯岛,他们发现渡渡鸟的肉和蛋很美味,于是不会飞又跑不快的渡渡鸟厄运降临。来复枪和猎犬齐头并进,不到200年的时间里,殖民者杀死了最后一只渡渡鸟。然而在渡渡鸟灭绝后的第300个年头,人们觉出有些蹊跷:在毛里求斯,一种名为大颅榄树的珍贵树种濒于灭绝,到20世纪80年代,全毛里求斯居然只剩下13株。科学家们通过种种实验与推想、分析来探寻大颅榄树灭绝的原因,可是几年过去了,没有任何进展。1981年正是渡渡鸟灭绝的300周年,美国生态学家坦普尔尝试着从一个新的角度来揭开大颅榄树灭绝之谜,他取出这些大颅榄树的树心,仔细地数树木的年轮,发现它们的树龄正好是300年。就是说,这些大颅榄树是在渡渡鸟灭绝的那一年开始生命历程的,在渡渡鸟灭绝之后,再无新的大颅榄树繁衍生息。

　　坦普尔萌生了一个大胆的推测：大颅榄树的灭绝和渡渡鸟的灭绝有内在关联，他于是到处寻找渡渡鸟的遗骸，后来终于得成所愿。他在渡渡鸟的遗骸中发现了几颗大颅榄树的果实，事情终于真相大白，原来渡渡鸟喜欢吃这种树木的果实，果实被渡渡鸟吃下去后，种子外边的硬壳也被消化掉，这样的种子排出体外才能够发芽。一些包被着硬壳的植物种子，大多靠这种方式才能得以传播和萌发，比如黄檗。后来科学家让吐绶鸡吃下大颅榄树的果实，验证了这种猜想：渡渡鸟与大颅榄树相依为命，鸟以果实为食，树得以生根发芽，它们一损俱损，一荣俱荣。从此以后，这种树木终于绝处逢生。

　　现在渡渡鸟已经成了毛里求斯的象征，人们可以在国徽、钱币、各种纪念物品和公共场合中看到渡渡鸟的标志。这并非是渡渡鸟形象上佳，而是人们以此警示自己要善待大自然中的每个物种。

　　位于北京南郊的南海子麋鹿苑自然保护区曾是元明清三代的皇家猎苑。在这里有一处著名的景点：灭绝野生动物墓地。在墓地里，上百块墓碑逐一倒下，铺展开 100 多米长。每块墓碑上刻有一个动物名称和它们灭绝的时间，这些墓碑组成了一组特殊的多米诺骨牌。

　　墓碑上所标记的年代是从工业革命以来算起的：波兰原牛（1627 年）、渡渡鸟（1680 年）、福岛胡狼（1876 年）、中国犀牛（1922 年）……墓地里仅仅列出了灭绝的动物，殊不知在当今世界上，每一天都有物种悄然逝去，有很多物种我们甚至还来不及认识它们，还没来得及为它们命名。

　　在墓碑接近终点处，一个巨大的手形雕像托住了一块即将倒塌的墓碑。在

渡渡鸟雕像
（引自刘畅，《生物入侵》，
中国发展出版社）

手形雕像的后方，矗立着一些代表现存生物的碑石，在最后 3 块碑石上出现了人类的名字：麻雀、人类、老鼠。人类，真的能挽狂澜于既倒吗？矗立的碑石与倒下的碑石之间真的能被手形雕像永远隔开吗？

外来物种入侵已成为第二大威胁生物多样性安全的因素，仅次于"野生物种栖息地被破坏"这一因素。它同环境污染、气候变暖以及人类向大自然无度索取这些因素交织在一起，扮演着物种灭绝加速器的角色。人类每失去一个物种，生态灾难就又向人类逼近了一步。物种的丧失犹如釜底抽薪，人类高居食物链的最顶端，如果地球上只剩下了人类，那么我们还能走多远？

2. 谁动了我们的遗传资源宝库

清点一下人类所拥有的"家底"，有两大财富不容忽视，一是物质精神文明财富，另一是物种资源财富，前者是人类依靠科技的力量创造出来的，而后者则完全是大自然的恩赐。当前，由多种渠道引发的生物多样性的丧失正一点点蚕食着人类的遗传资源宝库，而生物入侵无疑对本已经倾斜的天平又投下了一个砝码，使人类的未来之路蒙上了越来越浓重的阴影。

生物入侵所造成的遗传资源损失包括两方面：一方面，生物入侵导致了本土物种的灭绝，致使基因多样性源源不断地流失；另一方面，有些入侵种可与同属近源种，甚至不同属的种杂交，导致后者遗传基因被侵蚀，变得种质不纯，如加拿大一枝黄花就可与假蓍紫菀杂交。在 2007 年 11 月，研究人员在广州发现了巴西龟与不同科的我国本地种中华条颈龟的杂交后代。人类往往朝令夕改，为了自己的需要而对物种招之即来，但是，当发现引入的物种已经尾大不掉，又不能挥之即去的时候，转而对所转移的物种大加挞伐。这不但对本土生物物种的基因多样性有致命的危害，随之而来的对入侵物种的"围剿"也是对入侵生物基因多样性的损害。

我们应该确立这样一个信条：每个基因都是宝贵的，基因没有好坏之分，一种基因从一个角度来看它也许是无用的或不利的，但也许它在另外一种情况下会表现出相当的适应性。例如镰刀型贫血症病人的基因有明显的抗疟疾的特点。所以，所有的基因都有存在的权利，我们应严格秉承对其"不抛弃，不放弃"的态度。没有人有权力来判定某一种基因是"好的"，某一种基因是"坏的"；更没有权利对"好的"基因加以保护，对"坏的"基因加以消灭。即使这一基因"真的"是"坏的"，也只能由自然选择过程对它加以淘汰。例如人类的遗传病都是由相应的基因所控制，我们反对近亲结婚，只是让这些遗传病基因不表达罢了，而不是消灭这些基因。

从人类生存的角度来看，基因多样性的丧失将使得人类的抗风险能力降低。人类的生存处境有面临着恶化的可能，这种恶化可能是多方面的，例如，人类破坏环境、全球暖化等可能催生新的病毒，艾滋病毒、SARS病毒、禽流感病毒的出现，可能只是一个序幕，是微生物为继续生存而做出的反应。随着人口增长，地球的承载能力有限，而人类对食品、能源等需求却大幅度增加，人类的衣食住行都会面临困难。遗传资源宝库是人类应对未来种种不测的"诺亚方舟"，抗御这些病毒，解决人类各种疑难病症，甚至应对各种未来可能遇到的难题的希望很可能就存在于多样性的基因中。

选育良种要靠生物基因的多样性。目前，纵然科技已高度发达，但任何高新技术都还不能创造基因，而只能在生物体之间转移、复制或修饰基因。丰富的生物基因存在于多种多样的物种中，基因多样性越丰富，改良品种或选育新品种的潜力就越大。袁隆平先生就是受偶然发现的一株"天然杂交稻"的启发，开始

袁隆平

进行人工杂交稻培育，走上利用水稻杂种优势大幅度提高粮食产量的科研之路的。1970 年 10 月 23 日，在海南省崖县南红农场荔枝沟村的一片沼泽地里，袁隆平和助手发现了一棵野生雄性不育株，这就是著名的"野败"，它对培育第一个雄性不育系和保持系，继而育成恢复系，直至 1973 年实现了"三系"配套发挥了重要作用。自 1976 年开始定点示范种植杂交水稻以来，到 1988 年，全国杂交稻种植面积已达 1.94 亿亩，10 年间全国累计种植杂交稻面积 12.56 亿亩，增加产值 280 亿元。在某种意义上这是"野败"创造的价值，一株植物改变了中国，影响了世界。吃饭问题是一个困扰了人类数千年的问题，过去是，现在是，将来也会存在。随着人口数量的增加，这一问题甚至会逐步恶化，解决这个难题的希望同样很可能存在于多样性的基因中。

　　令人担忧的是现在中国野生稻的现状并不乐观：因为修路、城镇发展占地、扩大耕地、生态系统恶化、外来物种如紫茎泽兰入侵等，使得野生稻赖以生存的沼泽地、池塘等消失，造成野生稻的数目和面积迅速下降。更关键的是，国人的野生稻保护意识淡薄。云南、江西等地的气候和地理环境本来适于野生稻繁茂生长，过去在田边、水边或山丘上随处可见野生稻，许多农民见惯不惊，把它们看做是可做青饲料的杂草。而很多人还不知道野生稻是国家二类保护濒危植物。20 世纪 50 年代，中国各地农民种植水稻地方品种达 46 000 多个，然而，到 2006 年，全国种植水稻品种仅 1 000 多个，且基本为育成品种和杂交稻品种。农作物野生近缘种的分布范围也不断缩小，中国野生稻原有分布点中的

60%～70%现已消失或大面积萎缩。

"一个基因可繁荣一个国家""一个基因可以繁荣一个民族",澳大利亚正是拥有优质细羊毛基因,才成为世界最大的优质细羊毛的出口国。在当今世界,谁拥有了丰富的生物资源,谁就可能占领世界生物经济发展的制高点。国际上已经将对生物遗传资源的占有情况作为衡量一个国家国力的重要指标之一。澳大利亚、新西兰等国甚至将遗传资源管理作为国家可持续发展的重要物质基础,视为国家主权的象征。

地球现有物种内的天然生物基因库是人类的一个巨大的宝藏,它维系着人类自身的命运,人类对天然基因的认识还只如冰山之一角。人类基因组计划(Human genome project)由美国于1987年启动,2000年6月26日人类基因组工作草图完成。人类对自身遗传图谱取得较全面的认识也仅仅十年多一点的时间,遑论地球上千千万万的其他物种。然而,对于它们中的相当一部分,我们已经没有机会对它们进行研究。一种生物灭绝了,就永远消失了,无法弥补;而每当我们失去一样物种,我们就失去一项对未来的选择。我们能否保留住它,能否在天然生物基因库丧失殆尽之前破译它的秘密,以及天然生物基因库丧失后的影响,都是值得关注的问题。

3. 生态灾害频发, 经济发展的痛

人类为了追求经济利益的最大化而主动对物种进行转移,却往往因举措失当而得不偿失,于是陷入了引入、治理,再引入、再治理的怪圈。在这样的往复循环中,人类烘焙的经济发展成果的这个大蛋糕被一块块切走,这依稀让人看到了那个掰玉米的狗熊的影子。

生物入侵造成的经济损失可以分为直接经济损失和间接经济

损失。前者的危害遍及农业、林业、园艺、畜牧、水产、建筑乃至人体健康等。恶草侵入农田，则"劣币驱逐良币"，使良田一变为芝兰毁弃、粮莠滋生的乐园，甚至造成作物绝收；恶草侵入牧场，则使牧场退化，从"风吹草低见牛羊"一变为"黄沙远上白云间"；害虫侵入林场，则可能使林场从"一望溪山尽是好园林"一变为"濯濯童山"……人类的蛋糕就这样被一点点蚕食。

2006 年 3 月，联合国《生物多样性公约》组织发表的报告指出，美国、印度、南非这 3 个国家受外来物种入侵造成的经济损失分别为 1 370 亿美元、1 200 亿美元和 980 亿美元。入侵植物已经在美国 6 亿多亩土地上蔓延滋生，而且每年以 8%～20% 的速度递增，美国每年因此而损失的土地为 300 万英亩。

根据我国农业部门的测算，外来生物入侵对我国造成的经济损失每年至少为 1 000 亿元，保守的估计，松材线虫、湿地松粉蚧、松突圆蚧、美国白蛾、松干蚧等森林入侵害虫严重发生与危害的面积在我国每年已达 150 万公顷左右。水稻象甲、美洲斑潜蝇、马铃薯甲虫、非洲大蜗牛等农业入侵害虫近年来每年严重发生面积达到 140 万至 160 万公顷。每年由外来种造成的农林经济损失达 574 亿元人民币，仅对美洲斑潜蝇一项的防治费用就需 4.5 亿元，仅因凤眼莲每年造成的经济损失就近 100 亿元，其中打捞费就达 5 亿～10 亿元。

世界各国都曾因外来微生物入侵而蒙受巨大的人与物的损失，以美国为例，据数年前的不完全统计，已经进入美国的微生物外来种超过 20 000 种（包括动、植物病原微生物和其他土壤微生物），每年由于微生物入侵造成的经济损失和用于防治的耗费超过 400 亿美元。2003 年春夏之交，SARS 来袭，中国因 SARS 造成的经济损失为 179 亿美元，全球的经济损失估计为 1 500亿美元。禽流感疫情现已蔓延至英国、俄罗斯、越南等数十个国家，根据世行专家的估计，禽流感疫情将削减全球GDP年增长率2%或者更多，全球8 000亿美元GDP将因此蒸发。

疯牛病病例最早发现于1986年，20多年间，疯牛病已扩散到了欧洲、美洲和亚洲的几十个国家。英国是受害最严重的国家，到2000年7月，在英国有超过34 000个牧场的17.6万多头牛感染了此病，最高发病时间是在1993年1月，每月至少有1 000头牛发病。截至2002年，英国共屠宰病牛1 100多万头，造成数百亿英镑的损失。

至于因艾滋病造成的经济损失，在每个发病国无不是惊人的天文数字。乌干达，这个本来就不太富裕的非洲国家，国内1/3的劳动力是艾滋病病毒感染者，国民生产总值因此已下降了30%。泰国，这个号称"亚洲四小龙"之一的国家，由于艾滋病的严重流行，据估计其国内生产总值将降低20%。在中国，中国科学院院士、中国性病艾滋病预防控制中心首席科学家曾毅曾在2006年指出，在2006—2010年间艾滋病对中国造成的经济损失将可能超过3 000亿元。

从很久很久以前开始，人类就苦守着一条看不见的战线，与入侵的病毒微生物对垒。在这场旷日持久的战役中，人类用源源不断地投下的真金白银与入侵者角力。至于有史以来人类对这场战役的投入，则大得无从估计。

间接经济损失是指因外来物种入侵，导致生态系统、生物多样性和遗传多样性被破坏而造成的损失。这些损失往往是隐性的，其价值难以估量，但因生态系统被破坏所带来的一系列旱灾、水灾、水土及气候变化等不良后果已经显现，人类已为防治这些灾害背上了沉重的债务。比如，入侵的水生植物死亡后与泥沙混合沉积水底，抬高河床，使很多河道、池塘、湖泊逐渐出现了沼泽化；又如，恶草入侵导致牧场沙漠化，这些均会弱化生态系统应有的生态作用，并对周围气候和自然景观产生不利影响，加剧旱灾、水灾的危害程度，这样的损失难以准确计算。有些损失则因其具有滞后性而显得尚不明显，如遗传多样性的丧失，但这些债务迟早是要还的。痛定思痛，谁动了人类的蛋糕？追根溯源还是人类自己，人类无视生态安全的举动不但使当代人步履维艰，还使子孙后代背上了无尽的负债。

六、生物入侵案例——一部
人类的"战败史"

生物入侵问题存在的历史已遥远的无从追溯，但是人类的反应却异常迟钝，直到近 100 多年前才有关于生物入侵的研究，直至 20 世纪 80 年代，这一问题才引起人们的广泛关注。因此可以说，在某种程度上，人类与生物入侵者的对垒是一场"遭遇战"。人类以"仓促临阵"应对生物入侵者的"有备而来"，造就了无数"滑铁卢"之于拿破仑，"华容道"之于曹操的经典败例。试举其例，以儆来者。

1. 《达尔文的噩梦》——一部纪录片能有多伟大

2003 年，导演于贝尔·苏佩用一个人，一部 DV，4 年的时间，3 万美元的成本带给我们一个震撼，这就是他所拍摄的一部震惊全球的影片——《达尔文的噩梦》。这部纪录片以大量细节展示了肇始于生物入侵的环境问题和比环境问题更重要的问题——由此带来的社会噩梦，片中弥漫的那种悲伤和绝望直抵人的心灵深处。该片一经推出便在国际社会上引起强烈反响，并获得 2004 年欧洲电影节最佳纪录片奖和 2005 年奥斯卡奖最佳纪录片提名。

在非洲国家坦桑尼亚境内有一个名为维多利亚的湖，该湖是非洲最大的湖泊，也是尼罗河的源头。20 世纪 60 年代，科学家以科学研究的名义把生长在尼罗河里的鲈鱼引进湖里，酿成了一出发生在尼罗河源头的"惨案"。这种鲈鱼是肉食性鱼，性格凶残，以小鱼虾为食。鲈鱼大量繁殖，给湖里的其他鱼类带来了灭顶之灾，先后有数百种土著鱼种因此灭绝。但是，这只是灾难的开始。这种鱼肉味鲜美，在欧洲有 200 多万人的消费市场，由此催生了一条畸形的产业链。让我们通过以下镜头认识这部影片：

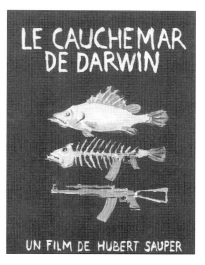

达尔文的噩梦

沿湖的工厂每天加工精制的冷冻鱼肉，以日产 500 吨的生产量销往欧洲市场，一个东欧的飞行员，开着巨大的运输机，穿梭于非洲和欧洲之间。飞机运走的是鲜美的尼罗河鲈鱼肉，给非洲运回的是联合国的救济品，救济品中夹藏着军火。这个飞行员说：有一次，我从欧洲飞到安哥拉，带着军火，然后我去了约翰内斯堡，运输葡萄回欧洲。我的一个朋友说，安哥拉的孩子们收到了武器作为圣诞礼物，而欧洲的孩子们，收到的是葡萄……

湖边鱼类研究院的看门人说：我当然希望打仗，为什么不呢？反正不是你杀我就是我杀你。打仗会让我们都有工作，可以养活家里人。我杀过许多人，是啊，这没什么……

穿梭在城镇里的流浪儿们争抢着食物，相互斗殴，把融化的包装鱼类的塑料袋装在瓶子里当成毒品嗅闻，享受那种难得的"幸福感"……

一个妓女靠在客人的怀里，用沙哑而厚重的声音唱着：坦桑尼亚，坦桑尼亚，我爱你！一年后，她被一个澳大利亚人刺死了。她的愿望最终没有实现：学习计算机……

在现代化的鱼肉加工车间里所生产的精致的粉白色鱼肉被速冻后运走，而欧洲人不要的鱼头和鱼骨被留给当地人，在爬满蛆虫的木架子上被晒干，作为当地人的食物。衣冠楚楚的欧共体代表们在会议上为能扩大鱼肉对欧洲的出口而鼓掌欢呼，窗外则是饥饿的人们在争抢食品……

枯瘦的艾滋病人在茅屋里无望地等待死亡；人们饿死、病死、被杀死，牧师每天都在等待举行葬礼。不过，欧洲的飞机每天照常起落，带来武器，带走鱼肉。最可悲的是维多利亚湖边衣衫褴褛的孩子们，都想长大后成为运鲈鱼的飞行员……

人们印象中的尼罗河，是世界第一长河，美丽而物产丰饶，一条长河在大片大片绿油油的丛林中蜿蜒流淌。这条长河也孕育了璀璨的文化和文明，其下游是人类文明最早的诞生地之一，古埃及就诞生于此。维多利亚湖大部分流经坦桑尼亚和乌干达两国境内，一小部分属于肯尼亚。在人们的印象中，因坦桑尼亚、乌干达和肯尼亚这三个国家的工业仍处于起步阶段，湖水没有受到工业污染。这里差不多每天都是头上蓝天白云，湖里碧波荡漾，沿岸地区草木繁茂、百花盛开、空气清新，养育了湖畔近3 000万人。就是这样一条人类的母亲河、一个美丽的湖因为一个物种的引入而风光不再，数千万人及其后代的命运因此而改变，沉入无边的苦海。生物入侵远不止是引起环境问题这么简单，这个案例是以入侵生物为催化剂，人世间的不公与邪恶携手，产生罪恶反应，成为恶化社会环境和人类命运的典范。

2. 昔日"座上客"，今朝"阶下囚"——葛藤在美国的遭遇

葛藤是一种半木本的豆科藤蔓类植物。它有巨大的绿色叶

子，绵延的缠绕茎，绿叶中点缀着红紫色的花朵。其根部很发达，重可达数公斤。葛藤原产中国，在古代广为种植，而且应用极广，几乎遍及古人衣食住行的各个方面。比如说用葛藤纤维织成的布就是传说中著名的葛布，用葛布制成的衣服就是葛衣，制成的头巾就是葛巾。在棉花传入中国之前，由于丝绸非常昂贵，主要利用葛藤、苎麻、大麻和苘麻等野生植物的纤维作为纺织材料，因此身穿葛衣、头戴葛巾是古人大众化的常服。从这个角度说，葛藤至少也曾占据当时中国服装原材料市场的半壁江山。王维曾写过一首《酬贺四赠葛巾之作》，诗中写道："野巾传惠好，兹贶重兼金"；辛弃疾写过"葛巾自向沧浪濯"，其他的诗句还有"葛巾晓挂松间月""葛巾藜杖正关情""葛巾欹侧未回船""葛巾筠席更相当"等，足见古人对这种服饰的看重。葛纸、葛绳应用亦久；葛根可用于治病、酿酒、荒年充饥；葛粉可用来制作饮料；葛花可用于解酒毒。

日本也是葛藤的原产地之一，美国的葛藤最早自日本传入，然后滥觞于北美大地。1876 年，在美国费城举行的世界博览会上，前来参展的日本人带来了葛藤。其目的很简单，只是为了在博览会日本馆的庭园凉亭之外，做一点小小的装饰，以博点印象分。因为葛藤毕竟是美丽的，开着串串紫红色的花朵，弥漫着甜甜的葡萄般的香气。

当时民智未开，生物入侵的概念尚未形成，人们对外来植物不但不加防范，甚至还乐于奉迎。美国又是一个植物爱好者特别多的国家，苗圃也不胜其数。因此，驻足在这个缠绕着美丽藤蔓凉亭前的众多美国人中的某一位，偷偷地掐下一个芽尖也就不足为奇了。他喜滋滋地带回去后培育出一株小葛藤，并时常为成就感所陶醉。就这样，葛藤轻易地取得了美利坚合众国的永久居留权。

不过一两年功夫，葛藤已经名列美国南方苗圃的销售目录。它被介绍为一种凉棚植物。美国南方的夏季很炎热，因此在传统的南方建筑中，几乎家家的住宅都搭出一个凉棚。在凉棚上缠绕的葛藤不仅能够起到美化作用，还能够遮阴。人们坐在优雅的凉棚下，啜饮着冰凉的啤酒，享受着葡萄般的葛藤花清香。

在 20 世纪以后的某一天，因为一个极其偶然的机会，葛藤的"表演"开始了，从此它不安于庭园观赏植物的身份。一位名叫珀利斯的退休植物学家带了 3 棵葛藤幼苗回家。其实他并没有凉棚装饰的需要，之所以买来这 3 棵小苗，

葛　藤

只是出于他终其一生的对植物新品种不可抑制的好奇心。这真是应了"好奇害死猫"的一句话。买回来以后，他竟一时找不到合适的地方种植，最后还是接受了妻子的建议，种在家里的垃圾堆旁，以期葛藤能够帮忙遮盖那堆不雅观的垃圾。

一年以后，美化效果超出了老植物学家的预期：不仅那堆垃圾不见了，连邻居的篱笆等都消失在葛藤茫茫的绿叶之下。正因为这一次葛藤不是攀援在支架上，而是漫地铺开的，借助于新的发展空间迅即脱颖而出，它不仅显示了自己神奇的生长速度，还终于有机会显露出自己一专多能的优点。珀利斯发现，葛藤几乎就是一座神奇而又有生命力的饲料库，鸡、猪、牛、羊都喜欢吃。由于葛藤生长迅速，被吃掉的那点就如同从雄伟的大山里运出几车土，几乎看不到什么变化。于是乎边吃边长，边长边吃，仅仅 8 年之后，珀利斯那 3 棵小苗，已经覆盖了整整 200 多亩牧场！

消息传开，葛藤顿时成为一个传说。它当即被授予"20 世纪最神奇的植物之一"的荣誉称号并受到美国农业部的关注。经过

观察研究，人们又挖掘出了葛藤的一些闪光点：可以在极其恶劣的土壤条件下生长；在生长季节无需施肥照料，适应性强；6 亩可以产生 2 吨饲料。1916 年，美国的奥本大学还得出这样的研究结果：葛藤是有效的绿肥，在其覆盖过的土地上，饲料和庄稼都有明显增产。就如影片《蜘蛛侠》中所言，"能力越大，责任越大"，提高葛藤地位的呼声越来越高，于是葛藤被迅速推广。它不再屈身于小小的庭园，而成了广阔天地中庄稼汉的新宠。珀利斯本人，也义无反顾把自己后半辈子的生命都投入到推广葛藤的事业中。到 1930 年，美国南方各州已经种植了 150 万亩的葛藤。

机会永远是给有准备的植物留着的，真是运气来了挡都挡不住，这时又戏剧性地出现一系列的偶然，把葛藤的推广事业推上另一个高峰。首先是普遍出现的虫灾摧毁了大量美国南方的种植园，接着因为经济大萧条来袭，谷贱伤农，影响了农民的种粮积极性。这些都导致了大片的农田撂荒以及随之而来的水土流失。于是，1935 年美国成立了联邦土壤保护委员会。这个机构成立后的第一个任务就是推广速生的土壤覆盖植物以保护水土。葛藤就这样荣登大雅之堂，被树立为"标兵"并正式成为美国联邦政府的推广植物。其后的 5 年中，仅仅在美国联邦政府组织的苗圃中就培育了 8 400 万棵葛藤幼苗。成千上万的专职人员被派赴南方从事种植葛藤的工作。农民只要是在自己家的荒地上种葛藤株，每种 6 亩就可以获得 8 美元的补贴。数年间，葛藤的种植已然洋洋大观。到 1940 年，仅仅是得克萨斯一州，就种植了不下 300 万亩。

正当人们庆幸已经摆脱天灾的时候，似乎一夜之间葛藤露出了狰狞的面目：人们失去了对它的控制力，它在广阔天地中肆意奔逃。当初人们看中它是因为它长得快，可以无尽头地攀援，今天，同样的溢美之词，却成了灾难的宣告。一棵葛藤可以分出 60 个分枝，它们可以呈放射状奔放。每一个分枝都可以一天爬出 30 厘米，一个生长季节各爬出 30 米，总长度就是 1 800 米。这还远远没完，它们还伸出柔韧的触须向高处攀援，它们的枝蔓发出新的根须无数次重新扎向土地，然后，就是新一轮的伸展和攀援了。从一棵老根出发，它的枝枝蔓蔓可以全方位出击，覆盖方圆几十公里之广。50万亩的葛藤，只需十年，就会翻个个儿，把100万亩的面积遮盖得纹丝不漏。它甚至像一个怪兽，很有耐心地吞下一切：森林、电缆，甚至火车铁轨。

1954年，美国联邦农业部已经收回了葛藤的各种荣誉称号。到20世纪60年代，当年致力于研究如何宣传和推广葛藤的联邦农业部门，已经转而研究如何控制和消除它了。经过长期的努力，花费了巨大的财力人力之后，在70年代中期，据说葛藤已经被限制在5万亩的面积上，这已经是相当了不起的成绩了。虽然葛藤已经逐步淡出"江湖"，但"江湖"里仍有它的传说，在美国佐治亚州有这么一个习惯：晚上必须把窗户关得严严的，因为人们担心葛藤会暗夜来访，把家中弄得一团糟。

3. "京城无处不飞花" ——枯草热的始作俑者豚草

有一种名为枯草热的病，患者感染后一天到晚不停咳嗽、流鼻涕，而且周身发痒；患者往往痛苦得不能自抑，自己抓得遍体鳞伤；头痛胸闷起来满地打滚，还伴随着严重的肺气肿和哮喘，病情严重时可危及生命。这种病多发生于春夏季，始作俑者即为树木、花草开花后所释放的花粉，而豚草在其中为恶最甚。这种病来源已久，早在西周《礼记·月令》中已有"鼻鼽"的记载，在

豚　草

《内经》中有更多的论述。

豚草又名艾叶破布草，属菊科，为一年生草本植物，靠种子传播、繁殖。其适应性极广，能适应各种不同肥力、酸碱度的土壤，以及不同的温度、光照等自然条件。不论是肥土瘦地、垃圾坑、污泥中，或者碱性大的石灰土、石灰渣乃至墙缝里及无光照的树荫下，豚草均能正常生长，繁衍后代，而且其再生力极强，茎、节、枝、根都可长出不定根，扦插压条后能形成新的植株，经铲除、切割后剩下的地上残条部分，仍可迅速地重发新枝。

豚草原产于北美洲，大约在20世纪30年代传入我国，是一种世界公认的危险性杂草，列为我国检疫性外来入侵植物。有一种观点认为，这种植物进入我国，是夹带在侵华日军的马料中带入的，另一观点则认为是当年侵华日军用此种植物给坦克车作伪装时带入。在中国，豚草已肆虐于江西，在湖北、湖南、安徽、江苏、浙江等18个省份也频频作恶，目前全国已经形成了北京、沈阳、天津、上海、武汉5个豚草繁殖传播中心。

普通的豚草每株至少能结果实几千粒，多的有几万粒。其果实的生命力极其顽强，在环境不适宜的时候可以休眠，等到合适的时候又会重新生长出来。而且这些果实有勾刺，可附在人的衣服或者包装麻袋上四处传播。每年六七月份是豚草花开的时候，在此期间豚草雄花会释放出大花粉，摇曳植株就能看见黄雾般的花粉散落，遇风轻扬，四处飘散。花粉颗粒可随空气飘到603公里以外的地方。研究表明，每平方公里豚草可产花粉十几吨，美国每年产生豚草花粉100多万吨。

其花粉含过敏原，是引起过敏性呼吸系统疾病的主要病因之一。有关专家认为，豚草花粉是花粉类过敏原中最重要的一种，1立方米空气中如有30～50粒花粉便可诱发花粉病。

在国外，美国每年因豚草花粉而患病者达1 460万人，加拿大也有80万人。前苏联克拉斯诺尔达地区，每年在豚草开花花期约有七分之一的人因患病而无法劳动。据调查，我国南京的哮喘病人中有 60% 是由此花粉引起的。花粉过敏者苦不堪言，许多人甚至不得不"逆水草而居"，在每年豚草开花时远避他乡。

4. 动物凶猛——恐怖的食人鱼

在我国许多地区的观赏鱼市场上曾有一种外形优美、色彩艳丽，而性如蛇蝎的观赏鱼——"食人鱼"出售。许多地区的水族馆也曾花重金从国外购来，金屋储之，以娱观众。食人鱼又被称为"水中狼族"，原产于南美亚马逊河流域，从它的名字就可想见其性情之暴烈、攻击性之强。据报道，仅在当地，每年就有 1 000 多头水牛被其捕食，攻击人类的事件也时有发生。广州某鱼塘在投放了这种鱼以后，不但其他鱼类被捕食一空，连在池塘中游泳的鸭子也难以幸免，甚至过往的鸟类都慑于它的淫威，不敢在水面停留、觅食。某钓鱼者在该鱼塘垂钓，不到半天的时间就被咬断了两个鱼钩。哪怕往塘中投入石块，也会立即引来众多的食人鱼争抢、撕咬。蓄养这种鱼以求观赏性，无异于"与虎谋皮"，真让人不寒而栗。

食人鱼并非想象中的庞然大物，它们通常只有 15～25 厘米长，从体型上看甚至只能算得上鱼类家族中的小不点。作为观赏鱼，食人鱼姿容不俗，成熟的食人鱼雌雄外观相似，具鲜绿色的背部和鲜红色的腹部，体侧有斑纹，可以说是标致极了。然而其性情极为残暴，一旦被咬的猎物溢出血腥，它就会变得疯狂无比。

美国有位探险家杜林曾经亲眼目睹了一只大鸟罹难的过程：一只在水面上盘旋、觅食的大鸟发现了猎物，误把食人鱼当作唾手可得的午餐，于是以优美的姿势俯冲入水中。就在长长的尖喙入水的刹那间，它却在水中挣扎起来，片刻之间便沉入水底。杜林非常惊讶，为了解开谜团，他把一只山羊用绳子绑住推入水中。不到几秒钟，入水处便剧烈翻腾起来。5分钟以后，他拉起绳子一看，发现只剩下了一具山羊的骨骼。杜林在山羊的胸腔骨里发现了几条形状怪异的小鱼，奇怪的是小鱼的嘴里却长着两排像利刃般锋利的牙齿。它们掉在草地上乱跳，碰到什么咬什么。

食人鱼可谓是"天赋异禀"，颈部短，头骨特别是腭骨十分坚硬，上下腭的咬合力大得惊人，牙齿又异常发达，可以咬穿牛皮甚至硬邦邦的木板，能把钢制的钓鱼钩一口咬断，其他鱼类当然不是它的对手。就连平时在水族世界里为所欲为、无往不利的鳄鱼，一旦遇到了食人鱼，也狼狈不堪，会吓得缩成一团，背朝水底面朝天，使坚硬的背部朝下作为"盔甲"，并且立即浮上水面，使食人鱼无法攻击到腹部，来救自己一命。

食人鱼常群居或独居，群居的时候常几百条、上千条聚集在一起，最少时6只也可组成一个战斗集体。它们能同时用视觉、嗅觉和对水波震动的灵敏感觉寻觅进攻目标。但是它的视力较差，靠铁饼一样的体形区分同类。常言说艺高则胆大，它们有胆量袭击比它自身大几倍甚至几十倍的动物，而且还有一套行之有效的"围剿战术"。当猎食时，食人鱼总是首先咬住猎物的致命部位，如眼睛或尾巴，使其失去逃生的能力，然后成群结队地轮番发起攻击，"排排坐，吃果果"，一个接一个地冲上前去猛咬一口，然后让开，为后面的鱼留下位置。依靠这种战术，它们能迅速将猎物化整为零，其速度之快令人难以置信。

食人鱼攻击人类的消息并非讹传，南美洲的一份报纸曾经这样报道：一艘游船不慎在河中倾覆，脱险的人心有余悸地说，他们亲眼看到溺水而死的同船之人被食人鱼团团围住啃食，其状惨不忍睹。

在亚马逊河流域，牧民放牧牛群，遇到有食人鱼的河流，就会把一头病弱的牛先赶进河里，用调虎离山计引开河中的食人鱼，然后赶着牛群迅速过河。而作为牺牲品的老牛，不到10分钟就会被凶残的食人鱼群撕咬得只剩下一副白骨残骸。当地土著人借用其凶残的特点"以暴抗暴"：在护城河中放养食人鱼，以抵挡猛兽的侵袭，并把它们供为神。

鉴于食人鱼恶迹昭彰，我国曾在2002年针对其颁布了"必杀令"，在全国范围内掀起了一场捕杀食人鱼的热潮。不只是严禁非法出售、收购、驯养繁殖、运输食人鱼，各大水族馆还纷纷对其实施"安乐死"，除之而后快。然而时时仍有令人担忧的消息传来，据2002年某报报道，记者在陕西暗访时发现沿着黄河西岸大约有上百个鱼池，一眼望去难见边际。不计其数的白鹭、夜鹭、麻鸭等水鸟在其间飞来飞去，捕捉着鱼儿，但唯独有一些鱼池看不到水鸟光顾。一打听才知道，这些池中饲养的正是食人鱼。更为可怕的是，这些鱼池都是紧贴黄河大堤而建的，有多位养殖户均证实，鱼池定期循环排水均通过地下管道排到了黄河之中。因此，不排除此鱼种已进入黄河的可能。

黄河水系沿途汇集了30多条主要支流和无数溪川，流经9个省份，黄河流域面积为752 000平方公里，如果食人鱼真的进入黄河并繁衍壮大，黄河危矣，中华民族的母亲河或将变为恐怖的"未来水世界"。

5. 玩的其实是心跳——危险的宠物巴西龟

巴西龟又名红耳龟，因其头顶后部两侧有2条红色粗条纹而得名。大多数种类产于巴西，个别种产于美国的密西西比河。其颇具观赏价值，外形可爱，色彩绚丽，极易饲养。正是披着这层美丽的"外衣"，使其成了宠物家族中的新贵。我国也未能免俗，自数年前引入后，现在几乎所有的宠物市场上都有巴西龟出售。然而其已经被国际自然保护联盟（IUCN）列为全球100个最危险的入侵物种之一。很多国家已经明令禁止巴西龟的进口和贸易。例如欧洲在 1997 年禁止进口巴西龟，而作为巴西龟原产地的美国，早在 1975 年就已禁止巴西龟的交易。

这种生物具有对饵料的强占有率，在生存空间中极其强势。据报道曾有人把巴西龟放入养鱼池中饲养，结果发现鱼儿一天天少起来，而巴西龟一天天强壮起来，终于有一天，饲养者观察到了 5 只巴西龟撕食鲤鱼的镜头：貌似憨厚可爱的巴西龟动作凶猛而迅速，只见鲤鱼摆动着鱼尾挣扎了几下就不动了。在随后不到 20 分钟时间里，一条 500 克左右的鲤鱼已被瓜分干净。

龟在我国古代象征着福寿，因此也有人买来巴西龟专门用于放生。一旦某个主人将其放生，或者养厌了随手抛入江河，它将大量捕食小型鱼、贝和蛙类的卵及蝌蚪，掠夺其他生物的生存资源。现在在一些寺庙的放生池里已经出现了"满池皆是巴西龟"的震撼景象，盖因池内的其他生物已经被掠食一空。学者对普陀山海印池所做的抽样调查结果显示，得到的所有抽样样龟均为巴西龟，没有发现放生红耳龟以前所存在的众多当地原生龟种。

近些年来，由于宠物弃养、放生以及养殖逃逸等因素，巴西龟已在我国野外普遍存在，并呈迅速蔓延之势。在湖南的湘江、广东的珠江、上海的苏州河、浙江西湖、钱塘江和长江江苏段等地，均有生活在野外的种群。"如果有一天我们在野外见到巴西龟，中国的龟就危险了"，中国研究生物入侵的专家曾这样断言：由于与中国本土龟种相比较，巴西龟整体繁殖力强，存活率高，觅食、抢夺食物能力全方位领先，其进入自然环境后，因基本没有天敌且数量众多，必将严重威胁我国本土野生龟与类似物种的生存。祈愿巴西龟成为中国本土龟种的"终结者"的这一天迟些到来。

在台湾，作为宠物的巴西龟引进不到 20 年，但已经在台湾定居繁殖，建立族群，成为台湾最普遍的龟类。如台湾的基隆河早已被巴西龟"独霸"，在整个生态系统中，它们占据的生活空间和食物资源达到了 30％～40％，本土龟种在当地野外很难看到，几近消失。

值得注意的是，巴西龟还是传播沙门氏杆菌的罪魁祸首。该病菌会同时出现在带病龟的粪便以及其生活的水域和岸边的土壤中，并已被证明可以从变温动物传播给恒温动物。因为沙门氏杆菌主要是通过消化道传染的，而小朋友都喜欢把小龟拿在手上玩儿，所以，儿童尤其容易被感染。蓄养这种宠物，实实在在是"玩的就是心跳"。

6. 压舱水——移动的超级水族箱

船舶一直是人类非常倚重的交通运输工具，而以现代为最。当前，世界上至少有 80% 的货物通过船舶实现远洋运输，五大洋上千帆竞发，舟楫相连。众所周知，船舶必须有一定的负载才能保持航行的稳定性，因此在空载的时候就必须用一些替代物来保持正常负载。这种替代物最初是岩石、沙子等，到 19 世纪 80 年代钢壳体的船只问世，人们开始采用压舱水作为负载，然而这竟带来了巨大的生物入侵危机。压舱水一般在始发港或途经的沿岸水域注入，在目的港被排放。在注入时一些海洋物种如鱼类、无脊椎动物、细菌、藻类等也一并进入，搭乘最低等的舱位享受免费旅行。轮船变成了一个满载生物的巨大水族箱，各种生物因此搭乘上了"开往春天的地铁"。

国际海事组织（IMO）在 1999 年估计，全球主要货船约有 7 万艘，每年由船舶转移的压舱水有 100 亿吨之多，每天至少有 7 000～10 000 种海洋生物随着压舱水漂泊在路上。而这些物种中的相当一部分在经历为期数月的航程后仍然欢蹦乱跳。它们进入新的海域以后，有些会成为生物入侵种，严重影响当地生态环境。

在英国水域（苏格兰、英格兰和威尔士）存在 53 种大型的非本土动植物，仅爱尔兰的科克港口就有 24 种外来物种。在德国每年排放的压舱水约为 1 000 万吨，其中大约 220 万吨来自欧洲以外的水域。现在德国水域中已经发现了 100 多种外来物种。沿瑞典海岸线发现了 70 余种外来物种，其中至少有一半是随着压舱水进入的。我国沿岸海域的有害赤潮生物有 16 种左右，其中绝大部分通过压舱水的途径而来。

美国西海岸的旧金山湾是公认的世界上最大数量的外来生物聚集处。目前，在此处已经发现了总计 212 种外来生物。其中在哈德逊河口发现了 120 种，在切萨皮克海湾发现 97 种。北美地区的水生外来物种数已经超过 250 种，其中随压舱水传播而来的有 74 种。

压舱水所转移的物种中有一部分已经成为了入侵物种，如亚洲斑马贻贝入侵了美国各港口，并扩散到江河湖泊；亚洲蛤蜊入侵了旧金山海湾；有栉鳞鱼、栉水母等入侵了黑海和亚速海，造成当地渔业破产。

2007 年 10 月，一群名为 Pelagia noctiluca 的水母组成"军团"，闪击了北爱尔兰地区的某个水域。据媒体报道，当时它们的攻势惊人：密布水面，如群蚁排衙，蔓延有十公里宽、一米多厚，如同一块超大的紫色垫子横亘在大海上。几乎是一夜之间，因为缺氧和水母的刺蛰，致使 10 多万条鲑鱼死亡。爱尔兰的渔业遭受重创，经济损失高达 2 亿美元。

这并非是"水母军团"第一次向人类发难。在此之前，地中海地区的人们就曾遭受创伤。在 20 世纪 90 年代之前，该地区大约每 10～12 年才会见到一次大批水母出现的景象。但是在进入 90 年代之后，该地区开始频遭外来"水母军团"的袭击。爆发周期越来越短，规模越来越大。1996 年该地暴发过一次规模空前的"水母潮"。2006 年 8 月，影片《大白鲨》中的场景真实再现，60 多亿只水母突然出现在西班牙海岸地区，7 万余名游客被蛰伤，伤者肢体肿胀并伴有过敏反应，政府因此不得不强行关闭海滩。

美国栉水母原产自大西洋，在 1982 年，它们搭乘轮船的压舱水"登堂入室"，辗转来到了黑海。到了 1989 年，黑海中美国栉水母的数量达到了顶峰。在个体密度大的区域，不足 1 平方米的水面上可有百余只水母。而当地所产的沙丁鱼的数量却和水母数量成反比例发展。因为水母在强占了沙丁鱼赖以生存的食物资源的同时，还斩草除根，吃掉了

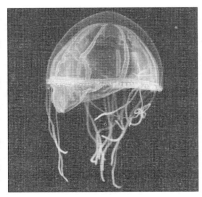

栉水母

小沙丁鱼和鱼子。黑海地区的渔业因此损失 3 亿多美元。不仅如此，可谓是雪上加霜，旅游者闻水母而胆寒，望黑海而却步，当地旅游业的发展也因此大受影响。因压舱水而带来的海洋物种入侵给全球造成的经济损失还未量化评估，但估计每年的损失不少于 100 亿美元。

在接近 100 年的时间里人们对压舱水所带来的生态危机懵然无知，直到 20 世纪 70 年代，Medcof 第一次对压舱水进行了取样分析，人们才意识到长久以来有一支水生生物军团在"暗度陈仓"。于是"过滤法""重力分离法""高速泵机械损伤法""加热法""紫外辐射法""超声波法""电极法""有机杀灭药剂法"等多种抵御水生生物军团的战术纷纷出笼，但因这些战术或受条件限制或者因成本太高而不能推广。因此总体上来说，水生生物军团还是安之若素的。

据报道，日本船舶设计师已经设计出了无压舱水的船只，其设计理念是通过扩展船只的宽度并采用完全沉入式螺旋桨，在无压舱水的情况下保证船只航行。目前这一技术已经应用在巨型油

轮上，而集散货船及货柜船仍在发展阶段，而且全球只有少数造船厂能够建造无压舱水船，同时也有相当部分港口无法容纳这种大型船只靠岸。看来这一技术对于解决水生生物入侵问题是一个福音，但距离真正解决还有很漫长的路要走。

7. 红火蚁来了

红火蚁是全球公认的最危险的蚂蚁，它的英文俗名为"red imported fire ant"。"red"是指其体色为红色或棕色，"imported"昭示其为外来物种，"fire"描述的则是人被其叮咬后如火灼伤般的疼痛感。该物种原分布于南美洲巴拉那河流域，在20世纪初因检疫上的疏忽而入侵了美国南方。目前，这种蚂蚁以每年190公里的速度"占领"美国，它们已经从美国人手中"接管"了128万平方公里的土地。美国南部已有13个州遭到侵扰，从佛罗里达到加利福尼亚，红火蚁经过之处，荒芜一片。

红火蚁的繁殖能力超强，蚁后的寿命可达7年，每天最多可产800枚卵。当食物充足时红火蚁的产卵量即可达到最大，一个有几只蚁后的巢穴每天可以产2 000～3 000枚卵。一个成熟的蚁群可以有高达24万只工蚁。红火蚁的扩散能力也很强，如果借助风力，红火蚁的有翅繁殖蚁可飞行16～19公里，一年能推进200公里。雌蚁能飞到约90～300米高的空中进行交配，然后飞行3～5公里降落，寻觅筑新巢的地点，组建"新家"。

红火蚁的腹部末端有螯针，能叮咬人体皮肤并注入毒液，使人产生火灼伤般的疼痛感，随后出现红肿，有时还会引起高烧、疼痛，一些体质敏感的人可能产生过敏性的休克反应，严重者会死亡。1998年，仅美国南卡罗来纳州就有3.3万人因抵不住红火蚁螯针之痛而求医，其中有660人出现过敏性休克，2人最终死亡。

红火蚁造成的破坏让人意想不到。它的食性广泛，能捕杀昆虫、蚯蚓、青蛙、蜥蜴、鸟类和小型哺乳动物，也进攻体型相对大的鸟类的眼等要害器官。它有一个天生的特性，就是喜欢搬动和吃掉植物的种子，还会取食植物的幼芽、嫩茎与根系，往往给被入侵地带来严重的生态灾难，是生物多样性保护和农业生产的大敌。最令人匪夷所思的是红火蚁见啥咬啥，还会咬穿电线、电缆的绝缘层，或往电气设备中搬填泥沙，导致电路短路。国外就曾有红火蚁造成交通要道的红绿灯发生故障的报道。

在美国得克萨斯州，每年因红火蚁破坏电气设备而引起的损失达 1 100 多万美元，因红火蚁危害家畜、野生动物和人类公共健康而引起的损失约 3 亿美元，每年用于对红火蚁患者治疗的医治费用约 800 万美元。因为红火蚁，美国每年的经济损失高达50 亿美元。目前，红火蚁已侵入我国的台湾及香港、澳门，广东地区也警报频发，这提示人们：红火蚁离你、我、他已不遥远。

8. 微生物入侵——很小，很暴力

杜甫在《羌村三首》中曾写到"晚岁迫偷生"，苏轼曾在《江城子·密州出猎》中调侃自己为"老夫聊发少年狂"。那么二人在写上述诗作时寿高几何呢，真让人大跌眼镜，原来前者只有46 岁，后者只有 38 岁。今天看来，以 46 岁和 38 岁的壮盛之时而自称"晚岁""老夫"，无疑是"革命意志衰退"的表现，其实大谬不然。古人的平均寿命非常短，以欧洲人为例，在古罗马时代的平均寿命为 29 岁，文艺复兴时代为 35 岁，18 世纪为 36岁，19 世纪为 40 岁，到 19 世纪末也不过为 45 岁。

中国历史上的皇帝中，生卒年可考的有 209 人，他们的平均寿命只有 39.2 岁。其中，享年 80 岁以上的只有梁武帝萧衍、宋高宗赵构、元世祖忽必烈、清高宗弘历（乾隆）4 人，再加上女皇武则天，只得 5 人。享年 70 岁以上的也只有汉武帝刘彻、吴帝孙权、唐高祖李渊、唐玄宗李隆基、辽道宗耶律洪基、明太祖朱元璋，寥寥 6 人。他们合起来，占皇帝总数的 5% 还不到。然而，在 40 岁以内死去的短命皇帝却有 120 余人，其中死于 30 岁以内的约 60 人，死于 20 岁以内的约 25 人。当然传说中古人也有长寿者，比如说传说彭祖寿达 880 岁，孙思邈也活了 200 多岁，但这毕竟是传说，无从证实。杜甫诗云："酒债寻常行处有，人生七十古来稀"，这应该使我们对唐代人的平均寿命有个较准确的判断了。

古人呼吸的是新鲜空气，吃的是绿色食品，又大多终年劳作，但大多数人不能享高寿的原因是什么呢？影响人类寿命的因素有很多，受经济发展水平制约的营养状况、医疗水平、卫生状况等是制约人类寿命增长的重要因素，而生物入侵者无疑也曾在其中推波助澜。它们不只危及生态系统中的本土物种，更是一把高悬于人类头顶的"达摩克利斯之剑"，千百年来，为其剑锋所祸及的生灵不知凡几。

在人类历史上，曾经发生过 3 次世界性的鼠疫大流行，其中第二次发生在 14 世纪，遍及欧亚大陆和非洲北海岸，尤以欧洲为甚，使欧洲度过了一个黑暗的世纪。在疫情爆发时，一些人口密度大的城市，死亡率超过 50%，在许多地方，"尸体大多像垃圾一样被扔上手推车"。在整个 14 世纪，鼠疫造成欧洲 2 500 万人死亡，占当时欧洲人口的四分之一，意大利和英国的死者达其人口的半数。鼠疫是耶尔森氏鼠疫杆菌在鼠与人之间传播而引起的一种恶性传染病。1347 年由寄生在老鼠身上的跳蚤携带的耶尔森氏鼠疫杆菌经地中海各港口传到西西里岛，1348 年传到了意大利、西班牙、法国和英格兰，1349 年传到奥地利、匈牙利、瑞士、德意志各诸侯国家。1350 年传至波罗的海沿岸国家和北欧。

世界历史上规模最大、最惨烈的几次瘟疫几乎都是生物入侵所造成的，几乎都是人类有意或无意进行细菌战的结果。

黑死病，也就是腺鼠疫的发端很难确定，但是可以确定的是因为蒙古军队进行细菌战而使其传播到了欧洲。鼠疫杆菌原产于中亚草原，携带者是中亚的土拨鼠。在蒙古人征服中国之前腺鼠疫也曾数次沿着丝绸之路传入中国，但中国历史上从未有过黑死病的记载。究其原因可能是中国人对其有了免疫力。因为老鼠在中国出现的历史很早，早在诗经中就有《硕鼠》的篇章，生肖文化中也以老鼠为首，鼠疫流行可能在中国并不鲜见，国人因祸得福，幸免于斯难。

鼠疫流行

第二次瘟疫大流行疫是在黑死病之后200多年，西班牙人把天花作为武器输入了美洲。在16世纪之前，天花只不过是一种微不足道的小病，从未对人类产生过威胁，至少大部分欧洲人对它是有免疫力的。而新大陆上的土著居民则祖祖辈辈不知天花为何物，当然体内也不具备抵御这种传染病的免疫系统。自从哥伦布于1493年登上了伊斯帕尼奥岛，就不断有土著居民因罹患天花而死于非命。从1518年开始，天花病毒从该岛向外扩散，死亡的阴霾笼罩在新大陆上空达4个世纪之久。

　　法国著名的历史学家勒鲁瓦·拉迪里曾经这样批评热那亚人，说他们应当为历史上的两个罪恶承担责任。一是"由于它在亚洲丝绸贸易中发挥了重要作用，并在加发设立了钱庄，商队从那里把瘟疫带到了西方"，二是"热那亚最杰出的公民之一哥伦布领导了第一次征服，热那亚这个伟大的港口城市也要为疾病的传播承担罪责"。曾有研究者这样说过："美洲土著人作为大草原上一支有生命的力量，其灭绝不是由于殖民者的军队和他们的枪炮，而是由于天花病毒。"

　　1519 年 4 月，居住在墨西哥东海岸的阿兹特克人的面前驻足了一支庞大的舰队，11 艘来自西班牙的舰船上的殖民者，满脸狞笑地走了下来——瘟神来了。最初，好客的阿兹特克人对他们以礼相待，但是他们很快就发现这些不速之客烧杀抢掠、无恶不作，于是他们奋力反抗，把西班牙人逐出了墨西哥城。然而城内很快流行起了天花，死者如山积。几个月后，西班牙人重新踏进了墨西哥城，他们发现马匹竟然无处落脚，城中遍布尸体，粗略估计不少于 24 万具。

　　胜利的原因并非殖民者所吹嘘的西班牙帝国的强盛。原来，在殖民者队伍中早有一名来自古巴的黑人士兵感染了天花，殖民者蓄意将感染了天花病毒的衣物毯子作为礼物送给了阿兹特克人，轻易之间葬送了 20 万个鲜活的生命。美国学者艾尔弗雷德·克罗斯比曾这样评论道："世界上最大的人口灾难是由哥伦布、库克和其他的航海者引发的，而欧洲的海外殖民地在其现代发展的第一阶段成了恐怖的坟场。"

　　进入现代社会以后，微生物入侵的危险达到了极致，借助迅捷的交通工具，它们可以朝发而夕至，昨夜在欧洲出现病例，今晨甚至可以蔓延至全球。同时由于气候变化和人为破坏等因素，使得许多野生动物的栖息地遭到破坏，它们甚至慌不择路地闯入了人类的地界。同时由于人类没有餍足，对动物毛皮、制品和野味的需求多多益善，这都无形中加大了人类和野生动物接触的频率，使得人类感染寄居在动物体上的微生物的机会无限增大。比如说马尔堡病毒就是由非洲长尾绿猴传染给人类的，埃博拉病毒就是人类从野生的猩猩身上感染的。

让人记忆犹新的还有发生于 2002 年 11 月至 2003 年春夏之交，由 SARS 病毒引发的传染性非典型肺炎，此次疫情首发于亚洲，然后遍及亚洲、欧洲、美洲的 32 个国家和地区。有专家认为，人类可能是通过接触或食用果子狸而感染了这种病毒。

微生物形体微小，与其他入侵者比起来，它们有隐蔽性强、变异频率高、潜伏期短和危害严重持久等特点。体型微小使得它们易于隐身，可"伤人于无形"；变异频率高使得它们善于分身、变幻莫测，可能人们费九牛二虎之力刚刚弄清其结构，着手研制疫苗，它又摇身变出几个"孪生兄弟"，让人疲于应付；潜伏期短则意味着它们长于"闪电战"。

微生物无处不在，且繁殖力惊人，这也加剧了防范难度。以细菌为例，其种类繁多、分布极广，地球上从 1.7 万米的高空到深度达 1.07 万米的海洋中到处有其踪影，一个人在降生的一瞬间，身体表面就会布满细菌。细菌依靠自身分裂来繁殖，一个分成两个，两个分成四个……成等比数列：2^0，2^1，2^2，2^3……2^n。

多数细菌 20～30 分钟即分裂一次。如按每 20 分钟分裂一次计算，24 小时后一个大肠杆菌可以繁殖 72 代，即 40 多万亿亿个细菌。如果按一个细菌重 1×10^{-13} 克计算，菌体重量将是 4 000 多吨。照此速度繁殖下去，一个星期左右，菌体的重量将和地

中国新闻社 030422 北京 中新社 摄
中国的国家电视媒体目前在科技教育节目中,公布时下流行的"非典型肺炎"元凶冠状病毒图。

SARS 病毒

球的重量相当。当然，这种繁殖速度只是理论数值，因为微生物即便在人工提供的最理想的条件下，也很难维持分裂很长时间，而且在微生物新陈代谢的过程中，会产生大量的代谢产物和废物，产物和废物达到一定浓度后会抑制微生物的生长和繁殖。但仍然可以想见微生物惊人的繁殖能力。

现在，鼠疫杆菌、SARS 病毒、艾滋病、疯牛病、禽流感、霍乱、炭疽、天花、口蹄疫……这些看不见、摸不着的生物入侵者早已像计算机病毒的恶意插件一样，强行进入人类的生活，时时刻刻危及人们，在每个人的心灵深处都投下阴影，人们总要想起、谈及它们。最恐怖的是，社会在进步，时代在发展，微生物也在"与时俱进"，新的有害种会层出不穷。艾滋病患者最先发现于 1981 年，疯牛病病例最早发现于 1986 年，非典型肺炎患者首见于 2002 年，这可能只是开始。关于它们，有许多我们尚不知其然，遑论其所以然。据估计，地球上存在近 200 万种微生物，人类目前只发现并研究了其中的 7 万种，许多病毒还在时时通过自身突变产生新的变

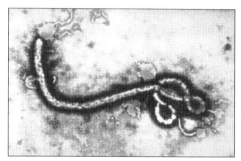

埃博拉病毒

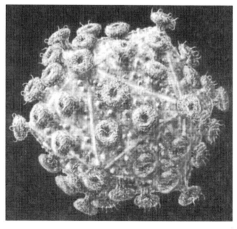

艾滋病病毒

种。在将来，人类还会与像 SARS 病毒、艾滋病、疯牛病、禽流感这样的新的微生物不期而遇，这种"遭遇战"永远不会停止。

9. "生民百遗一，念之断人肠" ——中国东汉末年大瘟疫

在中国历史上，人口发展过程不是直线渐进的，而是随着一个个朝代的兴衰更替，呈现出周期性的巨大波动，形成比较典型的波浪式曲线。从夏代起，中国约 4 000 年的人口变动曲线上最突出的波峰有以下几个：战国时代达到 3 200 万人，这是封建制萌芽期的代表；西汉后期达到 6 500 万人，标志着封建制逐渐走向成熟；唐、宋两代的峰值达到 8 000 万～1 亿人，这时封建制已充分发展；明、清两代分别攀上 1.4 亿和 4.4 亿的新高峰，实际上已经逼近当时生产方式下中国土地承载人口的极限。在变动曲线上有一个最引人注意的波谷：东汉末年至三国之初，人口减幅高达 65%，实为空前绝后。

其时，曾经人烟辐辏、商贾云集、市肆密布、弦歌绕梁的繁华帝都洛阳变成了瓦砾遍地、衰草萋萋的废墟。公元 3 世纪初，曹操在途经洛阳的时候，回忆起曾经"张袂成荫，挥汗成雨，比肩继踵而在"的繁华景象，悲痛地写下了《蒿里行》这一名作："白骨露于野，千里无鸡鸣。生民百遗一，念之断人肠……"曾经的帝都衰败如此，中原大地可想而知了。兵连祸结、战乱不息固然是造成国势倾颓、生灵凋败的重要原因，但是从一些记载中，我们也看到大瘟疫的影子一直游荡在空中。在中国历史上，每逢乱世便有不甘寂寞的人默默吟哦"大泽龙方蛰，中原鹿正肥"。研读这段历史，可知瘟疫引发了"张角之乱"，"张角之乱"引发了军阀控弦引弓，蓄势待发。

东汉末年的这次大瘟疫，当时人通称其为"伤寒"。有关史料记载，这种疾病由动物（马牛羊等）作为病毒宿主传播，具有强烈的传染性；发病急猛，死亡率很高；患者往往会高热致喘，气绝而死；有些患者身上有血斑瘀块。在瘟疫来临的初期，人们几乎是束手无策，只能在绝望中等待死亡。

《后汉书》中记载道："初。巨鹿张角自称'大贤良师'，奉事黄老道，畜养弟子，跪拜首过。符水咒说以疗病，病者颇愈，百姓信向之。角因遣弟子八人，位于四方，以善道教化天下，转相诳惑。十余年间。徒众数十万，连结郡国，自青、徐、幽、冀、荆、扬、兖、豫八州之人，莫不毕应。遂置三十六方。方犹将军号也。大方万余人，小方六七千人，各立渠帅。"

《三国演义》中据此记载："中平元年正月内，疫气流行，张角散施符水，为人治病，自称'大贤良师'。角有徒弟五百余人，云游四方，皆能书符念咒。次后徒众日多，角乃立三十六方，大方万余人，小方六七千，各立渠帅，称为将军；讹言：'苍天已死，黄天当立；岁在甲子，天下大吉。'"

《后汉书·五行志》记载了从公元119年至217年这百年间的十次大瘟疫，即119年会稽大疫，125年京都大疫，151年京都大疫，九江、庐江大疫，161年大疫，171年大疫，173年大疫，179年大疫，182年大疫，185年大疫，217年大疫。这十次瘟疫其中有5次集中在灵帝在位的15年间，也正是张角之乱前夕，民不聊生的时候。在瘟疫流行期间，家破人亡者比比皆是。后来被人称为"医中之圣，方中之祖"的张仲景"感往昔之沦丧，伤横夭之莫救"，于是，他发愤研究医学，立志解脱人民疾苦，"上以疗君亲之疾，下以救贫贱之厄，中以保身长全，以养其生"（《伤寒论》自序）。他在《伤寒论》序中悲沉地说："余宗族素多，向余二百。建安经年以来，犹未十年，其死亡者，三分有二，伤寒十居其七。"（"我的家族人多，从前有二百余口人，自建安元年以来不到十年，死去了三分之二，其中十分之七是死于伤寒。")

当时军阀纷争，战乱不息，中原地区无一日无战火，这也加剧了瘟疫的扩散和流行。据史书记载：

建安十三年（208年）十二月，曹军与孙刘联军战于赤壁，曹军"不利，于是大疫，吏士多死者，乃引军还"。曹军进攻刘备是从江陵沿江而下，先征巴丘，再至赤壁，到达赤壁时，曹操军中"已有疾病。初一交战，曹军败退"，周瑜火烧其船，曹军"士卒饥疫，死者大半"，"不利于赤壁，兼以疫死"。其实，曹操军队可能早在巴丘的时候就染疫了，史称："太祖征荆州还，于巴丘遇疾疫，烧船。"曹军败退之后，孙刘联军追击到南郡，"时又疾疫，北军多死，曹公引归"。看来，苏东坡的"谈笑间，樯橹灰飞烟灭"终究只是诗歌，不是信史。

建安十四年（209年）。秋七月，曹军自涡入淮，出肥水，驻军合肥。孙权率大军围攻，时曹军因"征荆州，遇疾疫"之后元气未复，"唯遣张喜单将千骑，过领汝南兵以解围，颇复疾疫"。因此，七月辛末日，曹操慨叹："自顷以来，军数行征，或遇疫气，吏士死亡不归，家室怨旷，百姓流离，而仁者岂乐之哉？不得已也。"

建安十七年（212年）。孙权以将军领会稽郡（治今绍兴）太守时，朱桓为余姚（今浙江余姚县）长，"往遇疫疠"。骆统为乌程（今浙江湖州）相，也说当时有"殃疫死丧之灾""征役繁数，重以疫疠，民户损耗"。

建安二十年（215年），八月，孙权率众十万进攻曹军占据的合肥，"会疾疫，军旅皆已引出"。

建安二十二年（217年）又发生了大的疫灾。对于这次疫灾，曹操父子三人都曾有记载。曹植在《说疫气》中写道："建安二十二年，疠气流行，家家有僵尸之痛，室室有号泣之哀；或阖门而殪，或覆族而丧……"曹丕更是反复提及，他在给大理王朗的信中说："疫疠数起，士人凋落，余独何人，能全其寿？"在著名的《与吴质书》中写道："昔年疾疫，亲故多罹其灾，徐、陈、应、刘，一时俱逝"。徐、陈、应、刘就是"建安七子"中的徐干、陈琳、应场、刘桢。所谓"建安七子"，是指东汉末年建安时期除曹氏父子之外的七位著名诗人：孔融、陈琳、王粲、徐干、阮瑀、应场、刘桢。当曹丕还未称帝时，与"建安七子"中的好几位诗人建立了深厚的友情。不幸的是，因瘟疫竟然七去其四。一年以后，"建安七子"中的王粲也因疾疫死于军中，当时只有四十一岁，他所写的《登楼赋》遂成绝响。眼看着好友一个个死去，曹丕后来沉痛地回忆道："痛可言邪！……谓百年已分，长共相保，何图数年之间，零落略尽，言之伤心"。此外，当时许多著名的上层人士，如著名的"竹林七贤"、王弼、何晏等人，基本上都是因疾疫而英年早逝。

在经历了长期的大规模瘟疫后，当时人口数量锐减。根据古代较为权威的官方记载，瘟疫爆发前的汉桓帝永寿三年（公元157年）时，全国人口为5 650万，而在经历了大规模的瘟疫后的晋武帝太康元年（公元280年）时，全国人口仅存1 600余万，竟然锐减达四分之三。恒帝永寿二年（公元156年）全国户数是1 607万多户，人口是5 006万多口。到三国末年魏蜀吴合计只有户数149万多户，人口剩下560万零200多口（金兆丰《中国通史·食货篇》），仅存十分之一。"生民百遗一"，信然！

东汉末年这次规模空前的瘟疫，不但在当时造成了巨大的灾难，而且在许多领域对中国历史产生了极其深远的影响。面对兵连祸结、瘟疫不断、人口的大量死亡，人们难免有朝不保夕的忧惧心理。在这种社会氛围的影响下，一种新型的文化倾向形成了。比如，当时的文人写诗就常以"七哀"为题。《七哀诗》竟然成了一种传统诗歌体裁，起自汉末，以反映战乱、瘟疫、死亡、离别、失意等为主要内容。如"建安七子"之一的王粲就曾写道："出门无所见，白骨蔽平原……南登灞陵岸，回首望长安，悟彼林下泉，喟然伤心肝"，"独夜不能寐，摄衣起抚琴。丝桐感人情，为我发悲音"，字里行间充满了对死亡的伤感。曹植在《七哀》中写道："明月照高楼，流光正徘徊……浮沉各异势，会合何时谐？"在这样的文化倾向影响下，文人们所讨论的话题，迅速由两汉时代以经学政治伦理为主题，转变到魏晋时代关注存在意义和生命真伪，这又进一步导致清谈和玄学的兴起。慨叹人生苦短，生死无常的空旷、悲凉、清脱、玄虚的气氛，构成当时主流思潮的基本特点。许多历史学家分析，这种现象不仅与当时的社会动荡不安有关，更与人类在瘟疫面前的无能和无力感有关。

面对当时人口大量死于瘟疫的无奈现状，由于人们基本上束手无策，便往往求助于怪力乱神，这又导致了宗教的极度盛行。以中国本土宗教道教为例。这种起源于战国后期的民间宗教，本来在西汉时期已遭到冷落，但到东汉末年，由于疾疫的流行，一些方士如张角等便以符水方术为人治病，使道教迅速在普通大众间传播开来。佛教也是如此。作为一种外来宗教，据史书记载其在汉明帝时传入我国："……明帝夜梦金人，长大，项有光明，以问群臣，或曰，西方有神，名曰佛，其形长丈六尺，而金黄色，帝于是遣使天竺，问佛道法……"佛教最初只在个别贵族中传播，但到东汉后期，贵族信奉佛教已成为比较盛行的潮流。

英国著名学者 H·G·韦尔斯的《世界史纲》在讲到"中国的汉朝与唐朝"时这样写道："也许因为穷奢极欲损伤了元气，汉朝衰落了，在公元 2 世纪末，一场波及全世界的大瘟疫使中国的制度崩溃了，这是一场使罗马帝国陷入 100 年混乱的瘟疫，汉朝像一棵狂风中的朽木一样倾倒了。"

那么当时游荡在中国上空的大瘟疫的影子又是从何处飘移来的呢？因没有详细的记录，不敢妄下断言。但是从史书的记载中可以看到一点模糊的影子：

《汉书》中记载，重合侯马通俘获了一名匈奴士兵，据俘虏供称："闻汉军当来，匈奴使巫埋羊牛所出诸道及水上以诅军。

单于遗天子马裘，常使巫祝之。缚马者，诅军事也。"其含义是，匈奴侦察到汉军来袭，就派遣"巫"，也就是专门从事细菌战作战的专职人员把感染后的动物埋藏在汉军的必经之路上，以向汉军传播疾疫。就连向汉朝进贡的马匹、衣物也要由"巫"对其施加感染措施。这极有可能是中国历史上关于用生物武器进行战争的最早记载。无独有偶，弗雷德里克·卡特赖特在他的大作《Disease & History》（中译本为《疾病改变历史》）中写道："公元一世纪末时，一个残忍好战的民族出现了。他们来自蒙古地区，横扫大草原直至欧洲东南。他们从中国以北地区出发，可能是被疾病或饥荒驱使，抑或两者兼而有之，这些骑马的入侵者是匈奴人……匈奴人带来了新的传染病，造成了被历史学家称为'瘟疫'的一系列疫症的流行。"

七、河山何处不烟尘——中国生物入侵现状

1. 外来生物入侵中国 "三步曲"

根据资料记载和调查分析，在我国，可以确定外来生物入侵大致分为 3 个时期：16 世纪到 19 世纪为缓慢增长阶段，19 世纪到 20 世纪为快速增长阶段，20 世纪后期以来为危险性物种入侵期。这 3 个时期的划分其实是与不同时代国家对于海外航行、域外交流的政策等相勘合的。

据《明实录》记载，洪武四年（1371 年），朱元璋正式颁布禁海诏令："禁濒海民不得私出海。"此后，每隔两三年颁一次诏，"禁濒海民私通海外诸国""禁通外番""申禁海外互市"，还撤了闽、浙、粤等地接待外商的市舶司。这一禁令摧折了大明朝远航的风帆。明成祖朱棣即位以后，目睹"禁海令"已严重损害大明朝在海外的威望，一方面，因疏于对外交流，大明朝渐渐不为海外所知，一些比巴掌大不了多少的国家都敢扣押、拦截往来中国的使者和物资；另一方面，因其具有好大喜功的性格，也希望营造出万国来朝的繁荣局面，他毅然决定派出庞大船队重新恢复海上秩序，按他的说法是"耀兵异域，示天下富强"。

顺治四年（1647 年）七月，清政府延续了明朝的"禁海令"，颁布《广东平定恩诏》，明确规定"广东近海，凡系漂洋私

船照旧严禁。"自此，清代的"禁海令"率先在广东实行。此后"禁海令"从广东一隅全面扩展开来。浙江、福建、广东、江苏、山东、天津各地均严厉禁止商船、民船私自出海。康熙二十二年（1683年），清军攻取台湾，实现了全国统一。在此形势下，康熙帝于次年谕令各省，认为海氛廓清，先前所定海禁处分条例可尽行停止，海禁遂开。但是，在康熙五十六年（1717年），清廷再颁南洋禁海令，规定内地商船不准到南洋吕宋（今菲律宾）和噶喇吧（今印度尼西亚雅加达）等处贸易。

福祸相依，禁海令虽然阻滞了中国与域外的交流，但也因此延缓了生物入侵者的兵锋。不过由于当时民间已经具备一定的航海技术和造船基础，加上为利益所驱动，民间出海和私市其实难以完全禁绝，致使少量的入侵生物得以"暗渡陈仓"。是为外来生物入侵的缓慢增长阶段。

自1840年"鸦片战争"爆发，中国完败于列强的坚船利炮，海禁废弛，海防如同虚设。列强为扩大殖民地和势力范围，设立通商口岸，大洋上千帆竞发，舟楫相属；外籍传教士自由出入传教，外国学者自由采集标本，进行科学考察活动。这使得一场没有硝烟的战争悄然拉开序幕，此时期入侵生物"万里赴戎机"，数量剧增。根据对历史资料的分析，可以发现这样一个普遍规律：港口城市如香港、广州、厦门、上海、青岛、烟台、大连等最先"沦陷"，成为了入侵生物周转的"会馆"和"驿站"。据统计，早在17世纪之前入侵我国的植物种类就有50余种。香丝草（1857年）、小白酒草（1862年）、一年蓬（1886年）等杂草在香港、烟台、上海等口岸登陆，并逐渐向内地蔓延。1911年，橘小实蝇侵入台湾；20世纪30年代末期，克氏原螯虾由日本进入南京；20世纪30年代初，普通豚草传入我国东南沿海。

自20世纪后期开始，随着我国对外交流的频繁和国际贸易的飞速发展，人口的流动、物种输入输出的频次和规模急剧增加，随之而来的是生物入侵的危险性剧增，暴发性与毁灭性的重大外来有害物种入侵几率增加。入侵物种常随进口产品、商品、包装箱、集装箱以及压舱水的异地排放和航空运输等途径进入。目前侵入我国的入侵生物中，绝大多数是在这一时期成功登陆的。2008 年中国海关截获各类有害生物 2 856 种，228 626 批次，分别比 2007 年增加了 245 种和 53 838 批次。其中，昆虫占 50.3%，杂草占 23.8%，真菌占 11.0%，线虫占 8.3%，细菌、螨类、病毒和其他类别占 6.7%。

交通条件和交通工具的不断改善和多样化，不仅促进了经济和贸易的发展，为人类的异地远行带来了便利，同时也为外来生物的远距离传播插上了翅膀。中国铁路运营里程由 1980 年的 88.3 万公里增至 2006 年的 345.7 万公里，国际航线由 1980 年的 8.12 万公里增至 2006 年的 96.62 万公里。中国有发生记载的外来入侵物种数也从 1980 年的 400 余种增加到 2008 年的 530 余种。由此推断，随着交通运输能力的持续发展，外来物种入侵的速度必将不断增强。

当前，我国基础设施的建设投资迅速扩大，大坝、高速公路、铁路、桥梁建设速度加快，三峡大坝、南水北调、西气东输等大型工程涉及的地域广泛，这势必对各种生境产生较大的扰动，为外来物种的传播和扩展推波助澜。据报道，三峡库区内有入侵物种 55 种，三峡大坝的建设工程干扰了库区的生态系统，加剧了苏门白酒草、凤眼莲和喜旱莲子草等植物的入侵。南水北调工程在客观上成为了水生和半水生植物扩散的"大运河"。已经能够肆虐南方各地的喜旱莲子草有可能通过该"大运河"扩散到我国中部和北部。目前发现该草已经入侵黄河北岸地区，并有继续向北扩张的趋势。

2. 此身安处即为乡

我国地域辽阔，南北跨度达 5 500 公里，东西距离达 5 200

公里，共跨越了 50 个纬度及寒温带、温带、暖温带、亚热带、热带 5 个气候带，这使得绝大多数外来物种都能找到合适的生存土壤，易于掘取它们的"第一桶金"。中国深受生物入侵之苦，成为世界上受生物入侵危害最严重的国家之一，与此关系良多。

据统计，在入侵我国的外来有害生物中，从美洲传入的最多，约占 54%，其中来自于北美洲的约占 30%、南美洲的约占 24%；从亚洲其他国家和地区传入的次之，约占 20%；从欧洲、非洲及大洋洲传入的分别约占 17%、6% 和 3%。

2008 年中国各机场、港口截获的重大有害生物共来自 138 个国家和地区，截获疫情批次较多的国家依次是：美国（25 710 批次）、泰国（13 868 批次）、马来西亚（13 492 批次）、阿根廷（10 731 批次）、巴西（10 502 批次）、澳大利亚（8 673 批次）、莫桑比克（5 883 批次）、巴布亚新几内亚（4 890 批次）、越南（4 623批次）、缅甸（4 041 批次）。

从入侵物种的类别来看，其来源地区也有所差异。入侵微生物大多来自北美洲，其次是欧洲和亚洲的其他国家；入侵植物来自北美洲和南美洲的最多，其次是欧洲和亚洲；入侵动物来自亚洲的最多，其次是北美洲，来自欧洲和南美的也较多。

从数据可以看出，来自美洲特别是北美洲的生物已成为了入侵我国的生物大军的中坚力量。一为亚洲，一为北美洲，间关万里、山河阻隔，为何来自北美洲的生物对我国如此情有独钟？原来在地理位置上，北美洲与亚洲都位于北半球的中纬度地区，因此其气候特征上具有一定的相似性，这使得来自北美洲的物种在进入我国之后没有陌生感，能很快适应中国的生境，建立种群。不独我国，亚洲其他一些国家也面临同样情况。

尽管在五大洲中，与其他洲相比，美洲与亚洲的地理隔离程度最大，两个大陆间物种交流的机会较少，但便利的交通条件、频繁的贸易往来和旅游等人类活动缩小了这种地理障碍。在现代，关山迢递这种自然界中阻碍物种交流的自然屏障已近乎名存而实亡。

3. 外来入侵物种在中国的分布

外来入侵生物在中国的分布存在较大的空间差异。而且似乎很奇妙的是，入侵种的分布似乎和当前我国的人口流动一样，具备"趋富避贫"的规律：在经济发达的南部及东部沿海省份外来入侵生物种数较多，而内陆和西部地区外来入侵生物种数较少，呈现出从东南向西北种数逐渐减少的总体趋势。据统计，入侵种数量较多（大于 200 种）的省份有广东、江苏、福建、云南、台湾。而宁夏、青海、西藏的入侵物种较少，不到 70 种。

从分布密度来看，外来入侵生物的物种密度（各省单位面积中的入侵生物种类数）和各个省份的人口密度竟然相吻合：以中国东南部沿海城市居高，且由东南海岸向西北内陆递减。其实，并非是入侵生物主观上厚此薄彼造成这种入侵格局，其形成原因是多方面的。首先来说，人类活动促进了外来入侵种的扩散与传播。尽管西北部地区面积较大，但由于经济发达程度较低，交通状况相对欠发达，这反而成了入侵生物扩散的阻滞。另外，一个地区受外来种入侵的程度还取决于这个地区生态系统的可入侵性，如气候及生境条件、本地生物与外来种间的竞争等。由于西北地区环境条件相对恶劣，所以外来生物入侵该区域的可能性降低，导致物种数较少。

尽管各省份境内的入侵物种数有多有少，但是从某种意义上来说，神州已无一方净土却是不争的事实。

4. 中国的外来物种入侵现状

中华泱泱大国，素以地域辽阔、物阜民丰著称于世，就生物多样性来说也是世界各国中的翘楚。根据国家环保总局发布的《一九九九年环境状况公报》，中国有高等植物 30 000 余种，占世界总数的 10％，居全球第三位，其中，裸子植物 250 种。脊椎动物 6 347 种，占世界总数的 14％，其中哺乳动物 581 种，居世界第一，两栖类动物 210 种，居世界第二，鸟类 1 244 种，居世界第三，爬行类 320 种，居世界第五，鱼类 3 862 种，也居世界前列。至于包括昆虫在内的无脊椎动物、低等植物和真菌、细菌、放线菌的种类更为繁多。在这些物种中，属于中国特有的物种有高等植物 17 300 种，脊椎动物 667 种。中国属于 12 个有"巨大生物多样性"的国家之一。

在我国如此丰富的生物种类中，究竟有多少物种属于"舶来品"？这些"舶来品"中又有多少已名列"生物恐怖分子"的名单？在历史上，中国与世界各国的交往频繁，物种交流的数量庞大，在我国目前的物种资源库中究竟有多少外来物种已很难或无从估计。但根据文献记载和初步调查显示，单以植物来说，中国已知的外来归化植物已超过 600 种，其中外来杂草 108 种，隶属 23 科 76 属。如前文所述，根据 2007 年 9 月国家农业部发布的数据，我国目前已经查清的外来入侵物种是 288 种，这 288 种生物是已恶迹彰显的，至于那些为害时日尚浅，恶迹不昭的，以及尚处于潜伏期，未浮出水面的不在其列。这些物种组成了侵扰中国山川草泽的庞大"联合部队"的先头部队，后继者会源源不绝。

在我国，生物入侵者的"兵锋"已及包括香港、澳门、台湾在内的所有省、直辖市、自治区、特别行政区。截至 2006 年，我国共建立了 2 395 个自然保护区，覆盖了大约 15％以上的陆地国土面积，然而除少数偏僻的保护区外，在绝大多数保护区内或多或少都能找到入侵者的踪迹。保护区以内尚且如此，其外可想而知，大好河山不堪其扰，山川草泽无一日无警，无一处无警，无一日无"战火"，无一处无"战火"。

从受到侵害的生态系统类型来看，我国几乎所有的生态系统类型，从森林生态系统、农田生态系统、草原生态系统到海洋生态系统、湿地生态系统，乃至绿地、园林、居民区等均有生物入侵种染指，其中以低海拔地区及热带岛屿生态系统的受损程度最为严重。

从入侵我国的外来物种类型来看，这一"联合部队"的"建制"齐全，"兵种"繁多，大到脊椎动物（哺乳类、鸟类、两栖爬行类、鱼类）、无脊椎动物（昆虫、甲壳类、软体动物）、植物，小到细菌、病毒，无所不包。其中，有的长于"陆战"，有的长于"水战"，有的长于"丛林战"，有的长于"城市游击战"，甚至有的"一专多能"，善于"水陆两栖作战"，为恶尤甚。

据报道，近年来生物入侵者不断"增兵"，10 年来，新入侵中国的外来生物至少有 20 余种，平均每年新增约 2 种。而在 20世纪 90 年代以前，大约每 8～10 年才会发现一种新入侵的生物。外来生物入侵的步伐不断加快，蔓延范围也在扩大。以林业为例，根据国家林业局在全国开展的林业有害生物普查结果，截至2006 年 7 月，我国主要外来林业有害生物有 32 种，其中 16 种是 1980 年以后从国（境）外传入的。2006 年，我国林业有害生物发生面积 1.6 亿亩，比上年扩大 20％，超过当年人工造林面积，防控形势严峻。外来有害生物对林业每年造成的损失，占因生物入侵所造成经济损失总量的大半。

中国国家环保总局公布的我国第一批生物入侵物种名单中的 16 个物种，是生物入侵者"联合部队"的中坚力量，其中每个物种少则肆虐几个省份，多则蔓延至十几、数十个省份，行踪所及，让人触目惊心。以福寿螺为例，在南宁市一些乡镇的稻田间，每平方米少则有 40 多个，多则达到 170 多个，整个广西的稻田受灾面积达到 250 万亩。在我国已严格禁止人为因素破坏生态的情况下，生物入侵者已经成为当前生态退化和生物多样性丧失等的重要原因，已经上升成为影响水域和南方热带、亚热带地区生态系统安全的第一因素。生物入侵者每年吞噬掉我国 GDP 的 1.36％，已成为经济发展的一大阻滞。

八、对生物入侵者的防范

　　生物入侵问题已经和人类的生活紧紧地捆绑在一起，无论人类痛还是悔，它都在那里，无从更改。在当前，其所表现出的危害已经涉及生态系统的破坏和生物多样性的丧失、遗传资源的丧失以及对经济发展的危害。随着科技的进步，信息和交通会愈发发达，这意味着地球会越变越"小"，地球最终会小到何种程度？在将来，生物入侵会发展到何种程度，它会引发何种新的危害？生物入侵会成为压垮本已伤痕累累的生态系统和生物多样性的最后一根稻草吗？电影《无间道》中的傻强曾经朴素而深刻地说过："出来混，早晚要还的"，如果人类不作为，一切皆有可能。

1. 绿色文明，人类必经的路

　　生物入侵已被证实在某种程度上是人类自己打开的"潘朵拉魔盒"，对生物入侵源头的拷问，已经表明绝大多数证据直指人类行为本身。因此，对生物入侵问题的防范和人类对自身行为的防范，一而二，二而一，其实是一个问题。人的行为是受其认知水平与价值观念支配的，也就是说，人类的价值观念取向才是生物入侵的最终源头。因此，端正人类的价值观念取向，切实践行绿色文明是防范生物入侵的必经之路。

　　绿色文明，是一种新型的社会文明，是人类可持续发展必然选择的文明形态，也是一种人文精神，体现着时代精神与文化。它既反对人类中心主义，又反对自然中心主义，而是以人类社会与自然界相互作用，保持动态平衡为中心，强调人与自然的整体、和谐地双赢式发展。它是继黄色文明也就是农业文明，黑色文明也就是工业文明之后，人类对未来社会的新追求。

人类从类人猿、猿人、古人、今人一路走来，最初他只是自然界万物中普普通通的一种。他可以采集野果、种子，但不会去"焚林而田"；他可以捕鱼猎兽，但不会"竭泽而渔"；他也曾被其他动物追赶、捕食，但不会把某些物种公然列为害草、害兽，大举挞伐之。当人类掌握了火、工具，当人类从采猎文明逐步走入了农业文明，特别是进入工业文明、后工业文明以后，其逐渐加强的"话语权"令自然界开始战栗。

人类社会发展的历史可以说是人类社会同大自然相互作用、共同发展和不断进化的历史。人类要生存、要发展，不可避免地要作用于自然界、作用于环境。在采猎文明时期，人类的生产对象主要是森林、湖泊，由于生产力低下，作用于自然界的痕迹尚不明显。进入农业文明时期以后，人类的生产对象转向了农田、土地、草原等，随着生产力水平的提高，对自然界的干预也逐步加剧，但尚未达到造成全球环境问题的程度，当时的人们崇拜自然、畏惧自然、依赖自然。

英国哲学家、思想家、作家和科学家培根的名言"知识就是力量""读史使人明智，读诗使人灵秀，数学使人周密，科学使人深刻，伦理学使人庄重，逻辑修辞之学使人善辩。"（Histories make men wise, poets witty, the mathematics subtle, natural philosophy deep, moral grave, logic and rhetoric able to contend）"不知惠及了多少人，然而他的人类中心主义的观点却使得这些名言蒙上了一层灰尘。进入工业文明以后，以培根和笛卡尔为代表提出的"驾驭自然，作自然主人"的机械论思想开始影响全球，鼓舞着一代又一代的人去征服大自然，创造新文明。时值资产阶级的上升时期，人们雄心勃勃，主张发展生产，推动科学进步。

有观点认为，人类中心主义的诞生对近现代社会产生了巨大影响，也标志着近现代生态灾难的开始，而西方的哲学、文化和宗教传统是环境灾难和生态危机的根源。比如说，亚里士多德坚信："植物活着是为了动物，所有动物活着是为了人类……自然就是为了人而造的万物。"托马斯·阿奎认为"由于动物天生要被人所用，这是一种自然的过程。相应的，根据神的旨意，人类可以随心所欲地驾驭之……"培根主张"命令自然"，笛卡尔主张"使自己成为自然的主人和统治者"，康德则坚信"人是自然的立法者"。

正是在这种思潮的引导下，人们把自然环境同人类社会机械地分离开来，没有意识到人类同环境之间存在着协同发展的规律，掠夺式地开发自然资源，无节制地向环境中排放废物。最终的结果是使我们的生存环境急剧恶化：冰川消融，全球变暖现象加剧，地球臭氧层被破坏，酸雨侵蚀土地，森林被过度砍伐而导致土地荒漠化日益严重，地表土与地下水流失，沙尘暴频发，海洋污染，物种加速灭绝，新的疾病纷纷来袭……人类的文明日益发达却步履维艰。早在19世纪，恩格斯就曾指出："我们不要过分陶醉于我们对自然的胜利，对于每一次这样的胜利，自然界都报复了我们。"美国历史学家唐纳德·沃斯特也说过："在很长一段时间里，尘暴总被说成是'上帝的行为'，人类则是无辜的牺牲者。其实。尘暴的部分原因就是由于人类的愚蠢，因为人摧毁了大平原的自然生态。"

人类之所以有魄力对大自然进行大刀阔斧的改造，对物种任意转移，只是缘于一点，那就是人类在心理上的优势：人类自认为是大自然的主人，凌驾于其他万物之上，有权利对万物予杀予夺。在人类从崇拜自然、畏惧自然、依赖自然向驾驭自然，甚至奴役自然的认识转变中，生物入侵问题日益彰显。因此说，对生物入侵的防范不仅仅是技术问题。如果人类对人与自然的关系没有一个合理的定位，依然我行我素，以"万物之灵"自居，对物种招之即来，那么，再健全、再周密的防范措施也必成为无源之水。

其实在古老的东方，在中国历史上，已有哲人对人与自然、人与自然界中万物的关系进行了清醒的思考。庄子曾提出"天人合一"的思想，主张宇宙中的万事万物都有平等的性质，主张人事必须顺应天意，要将天之法则转化为人之准则；道家提出"道法自然"。将"自然"这个概念提升到了形而上的高度。所谓"道法自然"，指的是"道"按照自然法则独立运行，而宇宙万物皆有超越人主观意志的运行规律。老子认为，自然法则不可违，人道必须顺应天道，人只能是"辅万物之自然而不敢为""顺天者昌，逆天者亡"；中国佛家提出"佛性"为万物之本原，宇宙万物的千差万别，都是"佛性"的不同表现形式，其本质仍是佛性的统一。而佛性的统一，就意味着众生平等，万物皆有生存的权利。著名思想家孔子主张"钓而不纲，弋不射宿"，指的是只用一个钩而不用多个钩的渔竿钓鱼，只射飞鸟而不射巢中的鸟（见《论语·述而》）。

在我国古代典籍《礼记·月令》篇和《吕氏春秋》中说道：孟春之月"禁止伐木"，季春之月"毋伐桑柘"，孟夏之月"毋伐大树"，季夏之月"毋有斩伐"。《逸周书·大聚》篇也说过："春三月，山林不登斤斧，以成草木之长"。春秋时期，在齐国为相的管仲从发展经济、富国强兵的目标出发，十分注意保护山林川泽及生物资源。他认为"为人君而不能谨守其山林菹泽草莱，不可以为天下王"（见《管子·地数》）。唐代诗人李白在《春夜宴桃李园序》中说到："夫天地者，万物之逆旅，光阴者，百代之过客"。在这里，"逆旅"解释为"客店"，表达的含义是自然界是主体，人类不过是自然界中的居住客。这些都是人类对人与自然关系的朴素而正确的认识。

曾经有人这样说过："……人作为这个星球上最有智慧、最有力量、受益最大、权力最大同时破坏性最大的物种，必须对所有生物的生存和地球的存在负起责任。"从20世纪中叶以来，人们逐步认识到，必须在各个层次上去调控人类的社会行为，改变支配人类行为的思想，走可持续发展的道路，以求得人与自然的和谐发展。按照生态主义者的说法就是"人统治自然绝对根源于人统治人"。可持续发展包括3个方面的思想，其中就包括了人与自然界的共同进化思想，这是从源头上防范生物入侵的"釜底抽薪"之策。如果这一思想真正植根于每个人的思维，让每个人从"无知者无畏"转而在某种程度上对自然有一种"悚惧"感，让每个人在涉及物种转移问题时都"战战兢兢，如履薄冰"，以科学、审慎的态度对待之，那么距生物入侵问题的控制乃至解决，庶几不远了。

2. "法网恢恢，疏而不漏"

生物入侵是一个全球性的问题，因此各国家、地区在防范生物入侵上不能"各扫门前雪"。而应汇集全球之力，同仇敌忾，资源共享，责任均担，与生物入侵者争雄。近年来，世界各国和有关组织已纷纷通过立法和建立公约，来共同编织阻击生物入侵的"法网"，以规范人类的行为。

到2000年为止，全球已有至少39份具约束力的协议和一系列不具约束力的行动和技术指南涉及到了生物入侵问题。这些重要的公约或协议包括《生物多样性公约》《全球迁徙物种公约》《联合国海洋法公约》《国际植物保护公约》等。《生物多样性公约》于1992年由175个国家共同签署。根据该公约第8条（H）款的规定，于2000年召开的世界自然保护同盟第7次会议通过了由物种生存委员会（SSC）入侵物种专家组起草的《防止因生

物入侵而造成的生物多样性损失指南》，该指南明确了解决外来
生物入侵的 3 个实质性问题，即增进理解和意识；强化管理、建
立适当的法规和机构机制；促进知识和研究工作，并提出了 7 项
任务。

美国在 1996 年就颁布了《国家入侵物种法》，1999 年总统
克林顿又签发了第 13112 号《入侵物种法令》，责成美国农业部
牵头统一管理外来入侵物种，并组建了国家外来入侵物种委员
会。加拿大、澳大利亚、新西兰、日本、印度、泰国、马来西
亚、南非等国也成立了类似的机构，制定了国家计划，并通过立
法加强对外来入侵生物的防治与管理。

2000 年至 2004 年，中国国家质检总局颁布了《出入境动植
物检验检疫风险预警及快速反应管理规定实施细则》《进境动植
物及动植物产品风险分析管理规定》《进境动植物检疫审批管理
办法》和《国境口岸突发公共卫生事件出入境检验检疫应急处理
规定》等管理办法，中国防范有害生物传入的法规体系初步建
立。在 2003 年 4 月，中国国务院同意并转发了国家质检总局和
有关部门提出的《关于加强防范外来有害生物传入工作的意见》。
在 2007 年 5 月颁布的《中华人民共和国进境植物检疫性有害生
物名录》规定了 435 种（属）生物属于禁止进入我国的危险性有
害生物，进入我国的任何贸易产品和旅客等，都不允许携带这些
物种。环境保护部分别于 2003 年和 2010 年公布了两批重要外来
入侵物种名单共 35 种，同时部署了国家自然保护区和重要生态
功能区对入侵生物的调查、监管与控制工作。

2004 年 11 月 4 日，由农业部、中国农业科学院和国际应用
生物科学中心主办了在北京召开的"外来入侵生物预防与控制技
术发展战略国际研讨会"。来自中国、英国、美国等 6 个国家、3
个国际组织以及世界银行等的国际知名专家、学者与会，为中国
外来入侵物种的预防与管理献计献策，形成了《中国外来生物入
侵预防与管理的国家发展策略行动框架报告》。这一系列文件是

中国阻击"生物恐怖分子"的宣言和檄文。

但是，从总体上看，目前中国防治外来生物入侵的法律规定还比较分散。虽然在《农业转基因生物安全条例》《植物检疫条例》《渔业法》《森林法》等法规中的部分条款里有规定，但尚无关于防治外来生物入侵的专门立法。这不仅使得现有法律层次相对较低，也缺乏应有的可操作性和现实针对性。而且，由于这些法律、法规颁布、出台的时间相对已经较长，对于防治外来物种入侵的目标、程序、手段等内容没有足够涉及，没有深层次考虑到生物多样性、生态平衡、生态安全等问题。可以说，真正意义上的外来物种入侵防治法律制度在我国依然还没有形成。

另一方面，现有法律制度不仅缺乏应有的系统、协调性，也存在一定的制度空缺。目前为止，我国还没有防范外来物种入侵的专门机构。防治生物入侵涉及的部门虽然有国家质检总局、国家环保部、农业部、林业部等，但由于相关法律法规缺乏应有的系统性和协调性，在外来物种入侵前的防范及入侵后的应对工作上，往往存在着不同程度的脱节。

因此，针对目前的这些法律制度方面的问题，我国应尽快形成以《防止外来物种入侵法》为主，以相关法律法规中关于防范外来物种入侵的规定为辅，以其他部门法中的有关规定为补充，兼有入侵前的风险分析、评估、预警机制和检验检疫制度和入侵后的控制、恢复和责任追究制度的相对完整、系统的法律法规体系，从而为防范、阻止外来物种的入侵，筑建起一道更为周密、有力的法律"防火墙"。

3. 对入侵者 "画影图形"

生物入侵的源头直指人类本身，这决定了防范生物入侵是一场全民战争，规范个人行为、规范国家和地区的行为，清除认识上的盲区，无疑是重中之重。对国家和地区来说，必须全面掌握全球入侵物种的分布区域、扩散态势和生理特性等，如什么样的生物容易成为入侵种，何种生态系统易受攻击，各种入侵生物有何天敌、有何弱点等，以供决策，避免重蹈覆辙；对个人来说，只有尽可能地知情，才能在防范生物入侵中有所作为，避免诸如把一枝黄花奉为"座上客"，对巴西龟、褐云玛瑙螺轻易放生等行为。古人云："知己知彼，百战不殆"，要"知彼"，就必须建立入侵物种信息系统——对全球有劣迹的物种逐一登记造册并"画影图形"，然后广而告之，按图索骥，逐一缉拿。国际上对生物入侵的研究已有 100 多年的历史，自 20 世纪 80 年代起，人们对这一问题日益关注，逐步建立了多个入侵物种信息系统。

美国全球入侵物种计划（GISP）的全球入侵物种专家组建立了"全球入侵物种数据库（http：//www. issg. org. database/wel-come/）"，可为行政部门、资源管理系统、决策者和对此问题感兴趣的个人提供入侵外来物种的全球信息。此数据库以威胁生物多样性的入侵物种为焦点，包括从微生物到动物、植物的所有类群。其信息由全球专家提供，包括物种的生物学、生态学特性，本地和外来种的分布范围、参考书目、联系方法、链接和图像等。

1991 年，美国农业动植物健康检查服务局建立了"入侵生物信息管理系统（http：//www. invasivespecies. org）"，该系统包括植物害虫名单、联邦有害杂草数据库和北美外来节肢动物数据库三部分。美国国家入侵物种委员会建立的"美国入侵物种官方网站（http：//www. invasivespecies. gov）"可提供入侵生物的危害和联邦政府的相应措施、多种入侵生物的详细介绍、文献及与其他数据库的链接等服务。其他的类似信息系统还有"水生物种数据库（http：//www. fao. org/waicent/faoinfo/fishery/statist/fisoft/dias/mainpage. htm）""水生、湿地和入侵植物信息检索系统（http：//aquatl. ifas. ufl. edu/）""入侵生物数据系统（http：//invader. dbs. unt. edu/）""加拿大入侵植物数据库

（http：//infoweb. magi. com. /ehaber/ipcn. html）" "澳大利亚国家杂草网（http：//www. weeds. org. au/）"等等。

中国是深受入侵生物危害的国家之一，中国科学家一直致力于入侵生物危害的监控与研究。自 2000 年起，中国专家着手建立中国外来入侵生物数据库，2001 年 11 月，北京师范大学生命科学学院和国家质量监督检验检疫总局动植物检疫实验所共同建立"中国生物入侵网（http：//www. bioinvasion. org）"，并以此为平台公布了部分数据。这是中国第一个有关生物入侵的专业网站。该网站包括数据平台、监测平台、疫情动态、预警软件、法律法规、科普园地等多个模块。其中数据平台包括 3 个数据库：外来有害动物背景资料数据库、生物入侵相关重要文献数据库、生物入侵相关专家信息数据库。该平台还提供与中国环保网、中国生物多样性信息中心动物学分部等机构的链接服务。

2005 年，中国专家开始建立中国外来海洋生物入侵数据库，2005 年 5 月，国家海洋局第一海洋研究所、国家海洋局海洋生物活性物质重点实验室共同建立了"中国海洋生物入侵网（http：//bioinvasion. fio. org. cn/）"。该网站包括新闻、数据库、风险评估、最新外文文献及数据、常用工具、法律法规、海洋生物科普园地等相关内容。

上述数据库对于国家、地区之间进行生物入侵信息的交流和入侵生物知识的普及贡献良多。另外，因为对入侵生物的研究有其特殊性，不能通过人为引入来做实验，这些数据库对于寻找入侵生物的统计规律，并在此基础上进一步探索入侵机制，寻找控制策略提供了基础。

4. 御敌于国门之外

以往，人类在对外来物种的使用上存在"一手硬，一手软"

的现象，有时举措得当，外来物种对经济发展不无助益，可带来"真金白银"；有时举措不当，引进外来物种时泥沙俱下，则不免"收之东隅，失之桑榆"。为解决这一问题，人类可对外来物种采取"拿来主义"，通过由"外来物种预测体系""有害生物风险分析体系""入侵物种早期预警体系"等所构筑的"防火墙"，对外来物种进行甄别、管理、监测，或取之、或弃之、或控制使用。这样就有可能降低生物入侵的风险，"鱼与熊掌兼得"。

对于未知事物的认识有这样一种观点：要想知道梨子的味道，就必须亲口尝一尝。但对于引进外来物种来说，人类因这种尝试所付出的代价已经太大了，曾经上 N 次被这块石头绊倒，因此在第 N＋1 次的时候，人类抚摸着痛处，想到了除了对那些恶行彰显的入侵种保持警觉以外，还需要预先知道哪些貌似无辜的物种一旦引入后会成为入侵种，一旦入侵将会在什么地方造成危害以及造成什么样的危害。但是如果对涉及到每一个物种都进行长期的观察、研究，又耗时、耗力巨大，几乎无法完成，因此建立外来物种入侵预测体系，用相应的工具和方法对没有被禁止的物种进行预测，可收事半功倍之效。

许多国家和地区曾出于作为新的农作物、装饰品等目的引入了杂草，结果酿成生物入侵，对经济和自然环境产生了极大影响。针对这一问题，澳大利亚建立了杂草风险评估系统，对待引入的杂草物种进行甄别。该系统根据待引进物种的有关信息，包括"驯化、栽培史""气候和分布""在其他地区是否为杂草""不受欢迎的特征""植物类型""繁殖""扩散机制"，设计了 49 个问题，由这些问题的答案组成了一个评分系统。通过问卷的方式针对物种的情况作答这些问题，然后把所得分数累加，最终根据所得分数与标准值的比较确定是否引进该物种。类似的系统还有南非的对外来植物入侵进行预测的专家系统和北美的木本植物入侵预测系统。如对该类体系利用得当，可以最小的管理成本将各种不利后果减少到最低程度。

随着国际贸易的日益发展和国家、地区间交往的日益频繁，物种迁移的行踪也愈发飘忽不定，昨日江南，今日塞北，倏而南美，倏而北非。国际贸易还是生物入侵？To be or not to be？这是一个两难的选择，因为零风险就意味着零贸易。生物检疫就是为了把这种风险降到最低而设立的阻击生物入侵的前沿阵地。为了给检疫决策提供支持，人们建立了对有害生物进行风险分析的体系，对某物种传入后的损益进行充分评估，以供决策。该体系可分成两部分，其一是有害生物风险评估，包括某有害生物传入某国家和地区的可能性、定植的可能性，以及造成经济损失的可能性；其二是有害生物风险管理，指的是降低上述可能性所采取的措施。该体系可帮助检疫部门在第一时间"御敌于国门之外"。中国也设立了进出境动植物检疫风险分析机制。在这个机制中中国进出境动植物检疫风险分析委员会起决策咨询作用，他们分析和评估进出境动植物及其产品对于生物安全的影响，甄别来的是"客"还是"豺狼"，并研究提出相应的风险管理措施建议，分别给予"美酒"或"猎枪"的待遇。

加强预测和检疫控制并不能完全杜绝生物入侵，在渗透和反渗透的较量中总会有漏网之鱼。此外，有些入侵种善于伪装，使人短时期内看不清真面目，如引入后对其听之任之，很可能酿成大祸。因此建立入侵物种早期预警体系，及时掌握物种入侵与扩散的动态，可拾遗补缺。据报道，上海已逐步建立覆盖全市的外来有害生物监测预警和快速反应体系。该体系包括建立 1 个市级农业植物有害生物预警控制中心、10 个区县农业有害生物预警与控制区域站、100 个固定植物疫情监测点、300 个移动植物疫情检测点。入侵物种早期预警体系就如同无数双不眠不休的眼睛，时刻搜寻生物入侵者的踪迹，一旦发现"敌情"，则配合以快速反应体系，入侵者面临的是人民战争的汪洋大海。当前，几乎各省市都已经建立了这样的监控预警体系。

5. 借我一双慧眼，把"入侵"者看得真真切切

如果有人告诉你，生物入侵者已与我们零距离接触，我们身边的生物入侵者比比皆是，触手可及，有些已"登堂入室"，侵入我们的卧室、客厅、厨房、房前屋后乃至寄居在我们身上，甚至有人把生物入侵者奉为"座上客"，请你千万不要惊讶，那只是因为有人"不识庐山真面目"，缺乏一双把入侵者看得明明白白、真真切切的慧眼罢了。

如果你在"百度"搜索引擎中输入"一枝黄花，花卉"进行搜索，就可发现它竟然名列花卉市场中的"群芳谱"。此花原产于北美，称为加拿大一枝黄花。说起来，一枝黄花姿容不俗，绿秆黄花、摇曳多姿、颇具风情。然而它却具有极强的生存竞争能力，可霸占生存空间，排挤其他植物的生长，对生态环境和物种安全构成严重威胁，是名副其实的"霸王花"，早已名列生物入侵者"黑名单"。然而在花卉市场里它却集"三千宠爱于一身"，被美其名曰"黄莺""麒麟草"，与"满天星"等同作为配花出售。有人嫌"满天星"颜色单调，配上此花，以求颜色的协调，有人喜爱它那娇艳的黄色，甚至成束地买回家里插瓶，装点居室。

人见人爱的小龙虾，学名是克氏原螯虾，它和餐桌上的美味福寿螺都是生物入侵者。而人们在不知情的情况下或把它们奉为珍馐，或恭请它们"登堂入室"，这不啻于开门揖盗。

说来难以令人相信，美国的外来白蚁是在几十年前从半个地球之外展开入侵旅程的。而这一结果可以归因到一个签名。半个世纪前，在日本东京湾的"密苏里"号的战舰上，美国五星上将、盟军最高统帅麦克阿瑟用5支钢笔在日本战败投降书上签字。随后，驻扎在日本和中国的美军收拾行囊，准备打道回府。

103 ‹

他们使用当地木材制作条板箱以装运物品。最后，这些条板箱被丢到了南方军事基地附近的垃圾堆中。然而，藏在箱中的白蚁却随之漂洋过海，它们实现了二战中日军不曾实现的愿望，攻入美国本土，发动了新的一轮攻击。这些白蚁入侵新奥尔良后潜伏了数年。但从 20 世纪 60 年代起，新奥尔良开始被愁云惨雾笼罩。到处都是白蚁，甚至多到影响人们走路。它们会扑到当地人的脸上和嘴里。白蚁产卵的时候，卵会缠在人们的头发里，到处都是。

而入侵乌干达维多利亚湖的凤眼莲则源于一段缠绵悱恻的爱情。传说在 20 世纪 60 年代，一名外国工程师坠入了爱河。他送给未婚妻一株来自南美的花卉——凤眼莲，用那淡紫色的花冠象征他们的爱情。这对恋人的爱情想必在随着岁月的流逝而历久弥新，而凤眼莲在当地也发展得蒸蒸日上。1989 年，有人在维多利亚湖看到了凤眼莲。7 年之后，凤眼莲已经布满了乌干达 80％的海岸线。非洲自古就是一个疟疾肆虐的地方，凤眼莲的到来为这种疾病的传播推波助澜。凤眼莲强大的蒸腾作用在小范围内营造了适宜的湿度，这成了蚊虫和病菌孳生的乐园。它们群魔乱舞，携带着脑炎、疟疾等病毒向四面八方传播。

人类许许多多的无意举动，都孕育着物种迁移，甚至生物入侵的风险。出国旅行时，旅行者遗忘在口袋中的一枝干枯的花草，夹在日记本中的一朵小花，被卷在裤管里或钩住衬衫的一粒种子，蜷缩在背包中的一个甲虫，甚至沾在旅游鞋底的泥土，从厨房、宠物箱中逃逸的小龙虾、巴西龟，随意丢弃的一枝黄花……无意举动中的某一个就有可能成为压垮生态系统的最后一根稻草。

为了防范生物入侵，生态道德教育必须内化在每个人的心理，内化为每个人行动的指南。如果我们个人想对清除生物入侵种做点事情，如果说对于作为经济植物、观赏动植物等引入物种的管理尚鞭长莫及，那么，在旅行归来前清理一下背包、拍打拍打衣服、清洗一下鞋子；管理好自己的水族箱，看紧如巴西龟这样的宠物，看住自己厨房中的福寿螺、牛蛙、非洲大蜗牛，及时地把它们化为盘中珍馐，穿肠而过，简直就是举手之劳，是真正"拔一毛而利天下"的好事。与其他全球性环境问题不同的是，个人行为能对生物入侵问题产生直接作用，或可加剧，或可防范，这取决于对生物入侵问题是否有足够的认知。如果每个人都对此足够知情，并据此端正自己的行为，则离这一问题真正得到控制庶几不远。

九、我们有可能见证魔盒再一次开启

1. 宇宙对人类是友好的吗

　　从第一只直立行走的猿人开始，在腰间束上一束草叶，拿起经简单修整的粗陋石器，人类开始向弱肉强食的丛林世界宣战，最终在相互竞争的关系中胜出。到如今，人类已经拥有了飞机、汽车、轮船、计算机、互联网、宇宙飞船、航天飞机以及核武器等各种"大杀器"，并按照自己的意愿建立起了相对公平的社会规则。

　　心有多大，世界就有多大。200多年前，有一位名为康德的老人说过：有两样东西，我们愈是经常和持久地思考它们，对它们历久弥新和不断增长之魅力以及崇敬之情就愈加充实着心灵，那就是头顶灿烂的星空和心中道德法则。很早以前，人类早已经以45度的视角仰望宇宙和星空，面对浩渺的未知世界蓄势待发。1957年10月4日，前苏联把世界上第一颗人造地球卫星送入太空开始，人类开始在另一个空间中切切实实地打上了自己的烙印。在短短半个多世纪的时间里，人类对太空的探索已取得了飞速发展。从人造卫星的应用到星际探索，从月球探险到火星、土星勘探计划再到彗星"深度撞击"。截至2004年底，世界各国共进行了4 000多次航天发射，把5 500多个各类航天器送入太空，目前仍在轨道上或宇宙中运行的航天器大约有 1 300 多个。迄今为止，人类已经研制成功了载人飞船、空间站、航天飞机等不同的载人航天器，将 500 多人送入太空，有 12 人曾登上月球，并已开始建造永久性载人空间站。人类的行动力不可谓不强。但是，人类在开拓中真的会只是失去锁链，而得到整个世界吗？

在探索宇宙的过程中，人类一直以来都在致力于向外星生命发出呼唤。火星、木卫二……太阳系内一切有条件的地方都是寻找的对象，却都无功而返。随着科学研究的深入，没有人会再认为火星上可能存在和人类相似的高级生命体。不过科学家称，在火星上一些有水存在的地方，很可能生存有细菌或其他微生物，因为在地球上每一个难以想象的地方，都有细菌等微生物鲜活地生存着。而且一则消息曾经深深地震撼了人类：在 1969 年降落月球的"阿波罗 12 号"太空船，收回了两年半前无人探测船"观察家 3 号"留在月球上的相机，竟然发现其底部有地球上的微生物"缓症链球菌"。这种来自地球的微生物，在几近真空、充满宇宙射线的月球表面生存了两年半！基于此，美国科学家曾发出警告，假如火星上存在着不为人知的微生物或致命病菌，它们很可能会随着未来的人类探测器返回地球，给地球生物造成无法预言的灾难性后果。美国科学家称，人类应该建立相应的预警和保护系统，防止这样的可怕微生物光临地球。

在阿波罗登月计划中，事实上科学家已经采用了相应的预防措施，当宇航员从月球返回地球时，全都经过了隔离检疫，科学家担心他们可能会被月球上的细菌感染，不过事实证明是一场虚惊。

当人们谈到参加太空飞行的生物时，都会想到是人、动物和植物，或者带上去培养的一些细菌，很少有人考虑到这些生物本身携带的细菌。实际上，在围绕地球轨道旋转的航天器上，数目最多的生物是细菌。航天员和其他人一样，无论走到哪里都携带细菌：在结肠中就有 10^{14} 个细菌，手和嘴里的细菌超过亿万个——一个人体内细菌的数量超过人体细胞的数量。令人感到恐怖的是，这些细菌经外太空环境的洗礼，表现出惊人的生存能力和变异能力，如同武学高手经闭关修炼以后功力大进。

据英国媒体报道，为了观察细菌应对地球大气上方的恶劣环境的方式，宇航员把取自英国德文郡比尔村一处海岸的普通细菌放在国际空间站的外面。这些细菌竟然在国际空间站外恶劣的太空环境中存活了 553 天。一年半后科学家在检查时发现，很多细菌仍然活着。现在，这些幸存者在米尔顿·凯恩斯开放大学的实验室里继续繁殖。

美国 NASA 约翰逊航天中心的研究小组与 Tulane 大学的微生物毒性专家联手进行了一项研究。将可导致人类罹患胃肠炎的沙门氏菌放在微重力环境中，希望能以此来发现细菌在空间站最初的几个小时里到底发生了哪些变化。为检测这些经微重力环境诱导的细菌的毒性，专家用其来感染实验鼠，实验结果却让人不寒而栗。几天之后，实验鼠的肝脏和脾大量出现的细菌量是正常值的 10 至 27 倍。据计算，杀死一半实验用老鼠所用的微重力环境下生长的沙门氏菌的剂量，仅仅是正常重力环境下的 1/5，而细菌毒性发生了如此巨变，仅仅用了 10 个小时。

俄罗斯科学院生物化学研究所和莫斯科大学土壤系的研究人员发现，国际空间站上生存着大约 20 多种细菌和微生物，可能会对宇航员和太空站上复杂的电子设备和仪器造成威胁。为了研究这些微生物和细菌的性质及破坏性，研究人员研制出了从空间站收集细菌群的特殊采样器。在宇航员返回地面前，通过采样器将空间站上的细菌和微生物样品带回地面进行研究。当研究人员将空间站上的细菌放到地面合成材料上进行观察时发现，一个月的时间内，这些细菌和微生物可以将聚酯纤维"咬断"；三个月内可以将铝镁合金"吃掉"。研究人员对从空间站带回的一小块聚合纤维板观察后发现，细菌和微生物对它的破坏相当严重。

"和平"号空间站是 1986 年 2 月 20 日升空的，它是集前苏联第一代、第二代太空站的经验建造的第三代太空站，是世界上第一个多舱太空站。在升空以后"和平"号曾先后接待过 12 个国家的 100 多位宇航员。2001 年 3 月 23 日，"和平号"终于走完了 15 年的坎坷路程，带着它创下的无数成就从地球轨道上消失了。研究发现，当年的"和平"号开始运行一年后，大量细菌群就开始出现了，在其运行的 10 多年间，共发现了 20 多种细菌和微生物，其中有 12 种真菌、4 种酵母菌和 4 种细菌，总共有 68 个真菌种群和 26 个微生物种群。在比"和平"号升空时间晚的国际空间站上也同样发现了微生物种群，虽然与"和平"号上的有所区别，但种类数基本一样。

"和平"号空间站

航天器中存在的微生物确实已经酿成了一些麻烦：2003 年，细菌堵塞了国际空间站内 3 套太空行走服的冷却泵，宇航员不得不使用穿脱更为麻烦的备用服装完成了太空行走。造成这一问题的细菌生活在作为冷却液的水中，研究人员对空间站的水样进行分析后曾发现，空间站自身冷却系统内细菌数量增加的速度远比预料的快。

行星间生物入侵的危险其实是双方面的。人类担忧外星生物随航天器从天际飞来，但是是否想过飞往火星的人类探测器可能携带了地球上的细菌，对月球、火星等形成污染？面对外太空不可抵御的吸引力，人类该何去何从？

火星上可能存在生命的想法最早来自于意大利天文学家乔万尼·斯基亚帕瑞利，他在 19 世纪末曾通过天文望远镜观测到火

星表面上有类似水道的线条存在。1898 年，英国科幻作家 H·
G·威尔士在其小说《世界大战》中，开始想象火星人大举入侵
地球。1938 年，美国哥伦比亚广播公司播出了根据这部小说改
编的广播剧《火星人入侵地球》，剧中运用了逼真的音响效果，
致使 600 万美国听众中的 100 多万人误以为真有火星人入侵，
引发了极度恐慌。《纽约时报》在头版的报道中描述了听众的
恐慌："极度恐慌的听众塞满了道路，有的藏在地窖里，有的
在枪中装满子弹。""在纽约的一个街区，20 多个家庭中的人
们都冲出房门，他们用湿毛巾捂住脸，以防止吸入火星人的
'毒气'。"据普林斯顿大学事后调查，整个国家约有 170 万人
相信这个节目是新闻广播，约有 120 万人产生了严重恐慌，要
马上逃难。实际上，广播剧播出时，开始和结尾都声明说这只
是一个改编自小说的科幻故事，在演播过程中，哥伦比亚广播
公司还曾 4 次插入声明。然而，谁也没有料到，该节目会对听
众产生如此巨大的影响！

1955 年，杰克·芬尼（Jack Finney）创作了经典小说《人
体入侵者》（The Body Snatchers），这是关于外星生物入侵题材
的小说的扛鼎之作，已经被当成是科幻领域中最能引起共鸣的一
个文学案例。在小说出版后两年，人类第一次把人造卫星送入太
空。此后，以外星生物入侵为题材的影视剧如雨后春笋般诞生，
如《星河战队》系列、《黑洞拦截》、《异种》、《劫梦惊魂》、《进
化》、《捕梦网》、《外星生物入侵地球》……

人类有一种与生俱来的不安全感。现代心理学家发现，人与
动物之间最大的差别在于，人对不存在的东西会产生恐惧。早在
19 世纪，英国诗人和散文家麦尔慈就曾经自问过："宇宙对人类
是友好的吗？"也许是在这种不安全感的作用下，催生了上述小
说和影视作品。人类探索外太空之路方兴未艾，但是要时刻自
惕，时刻保持这种恐惧感，否则每向外太空迈进一步，就极有可
能离一个新的潘朵拉魔盒更接近了一些。

2. 看不分明的转基因生物

转基因技术是指利用分子生物学手段将某些生物的基因转移到其他的生物物种中去，使其出现原物种不具有的性状、功能，或使某种生物丧失其一些原有的特性。

在物种体内有决定其自身特征的遗传物质，这种物质决定了物种在生长发育中的走势。通俗地说，就是决定了小龙虾的后代还是"草根"小龙虾，而不是"贵族"龙虾；人们在春天播种玉米，不会在秋季收获意料之外的土豆。如果人们很看好某个物种的某种特点（在遗传学上称之为性状）、功能，想把它转移到另一个物种上，聪明的人类想出了一个办法叫做杂交。比如说马有灵活性和奔跑能力，但是耐力较差；驴子很能负重又有耐力，但是体形单薄。二者杂交所得到的后代骡却集中了二者的优点：既有驴的负重能力和抵抗能力，又有马的灵活性和奔跑能力。当然杂交也受条件限制，它是发生在不同种属之间，或是地理上远缘的种内亚种之间的。比如说马和蝙蝠之间就不能发生杂交，虽然蝙蝠也有很优良的性状——飞翔能力。这也导致了一个很有应用前途的物种——飞马没有问世，现代航空业的从业者真应该为此额手相庆。其次，传统的杂交和选择技术一般是在生物个体水平上进行的，操作对象是整个基因组，所转移的是大量的基因，不可能准确地对某个基因进行操作和选择，对后代的表现预见性较差。正因为有这种局限性，使得骡子看起来不那么尽善尽美，比如说它继承了驴子的坏脾气，太犟、不太听话，就注定了它一生中要生活在皮鞭的阴影之下。

而转基因技术则弥补了这两种缺陷，一则其跨越了自然界中天然的生物杂交屏障，使基因可以在不同物种之间流动、表达和遗传，这使得把蝙蝠的基因转移到马的体内变成了实实在在可操作的寻常事。二则转基因技术所操作和转移的一般是经过明确定义的基因，功能清楚，后代表现可准确预期，真正达到了阿Q口中"我要什么就是什么，我喜欢谁就是谁"的理想状态。

那么转基因技术是怎么操作的呢，其实道理和缝补衣服差不多。人们把看好的基因剪切下来，然后黏连到另一种生物的遗传物质上。此后被转入的基因所代表的性状就在这种生物上表现出来，而且这种形状还可以一代代传下去。

转基因技术被称为"人类历史上应用最为迅速的重大技术之一"。自20世纪70年代兴起后，在短短的30年间，转基因技术飞速发展，目前已成为生物科学的核心技术。其在农牧业、工业、环境、能源和医药卫生等方面实际应用似乎也前景可期。让我们"检阅"一下转基因大军：生长快、耐不良环境、肉质好的转基因鱼，乳汁中含有人生长激素的转基因牛，转鱼抗寒基因的番茄，转黄瓜抗青枯病基因的马铃薯，不会引起过敏的转基因大豆，导入贮藏蛋白基因的超级羊和超级小鼠，导入苏云金芽孢杆菌合成毒蛋白基因的抗虫棉，一天能生长三到五厘米的"超级杨树"；能分解石油中的多种烃类化合物，有的还能吞食转化汞、镉等重金属，分解滴滴涕等毒害物质的"超级细菌"；通过转基因技术获得的胰岛素、干扰素，甚至在将来，人们只要吃番茄等植物果实就可以预防乙肝，因为转基因植物乙肝口服疫苗已经问世。

1986年转基因作物被有关国家批准进行田间试验后，在短短10年间完成了由实验室研究到商业化应用的质的飞跃。1996年是转基因生物商业化的第一年，全球种植转基因作物面积为284万公顷。1997年猛增到1 255万公顷。此后转基因作物的种植规模节节攀升，到2008年全球累计达到8亿公顷。这一切极大地改变了人类的生活，"看上去很美"。

转基因技术所创造的生物数应以百计，这样就产生了一个问题：这些生物是不是新的物种？关于这个问题，人们的观点不统一，有的人认为，每个生物体内有数以万计的基因，被转入基因只占一小部分，其表达出来的性状也只是某一方面的，因此转基因生物不是新物种。也有人认为，转基因作物就是按照人的意志合成的"怪物"，自然界里从来没有过转基因生物，因此其理所当然地是新物种。不管上述两种观点孰是孰非，把转基因生物看作外来物种应该是没有争议的。既然其作为外来物种，我们就有足够的理由仔细审视其入侵的可能性，看看人类所掌握的这一利器是无往不利的屠龙刀，还是杀敌一千、自损八百的双刃剑。

当前，人们最担心两方面，其一，转基因生物进入自然界中会产生强势物种，入侵环境，破坏当地的生物多样性。转基因作物本身有可能因为基因漂移由良成为莠——杂草，或者影响野生植物而成为超级杂草，而这种超级杂草不是一般的除草剂能除掉的，其蔓延开来，可能会造成非常大的外来物种入侵问题，对环境将产生致命的影响。其二，转基因生物中的外源基因可以在近缘种之间流动，也有可能造成物种野生基因库的污染。

在理论上，只要转基因作物大规模种植，而且附近存在和它一拍即合的近缘种或杂草，转基因作物的外源基因就会通过花粉传递给这些野生近源种，形成新的具有外源基因的杂种，这会污染野生植物不假雕饰的天然。这种天然对人类的重要性绝非是转基因生物所创造的一些经济价值所能比拟的。墨西哥人民也已经因为在这个问题上吃了大亏而捶胸顿足。各种作物都有起源中心，墨西哥就是玉米的起源地。为避免转基因玉米带来污染墨西哥的起源地，影响天然玉米的遗传惯性，所以墨西哥政府规定不种转基因玉米。后来由于种种原因，美国转基因玉米到了墨西哥，使得当地玉米的天然性损失殆尽。2001年，据英国的《Nature》报道，墨西哥很偏僻的两个州原来有丰富的玉米遗传多样性品种，但是在这两个州的22个地区的玉米里发现有转基因成分，后来证明它们的基因污染比例达到了35%。

吃了大亏的不仅仅是墨西哥人民，加拿大农民曾种植了转有抗除草剂基因的油菜，1998 年的时候，在一些地区的很多田块里已发现油菜带有转基因的性状，这也是基因漂移所造成的恶果。为了防止转基因植物对传统植物的污染，德国规定在转基因植物和传统植物种植地之间要保持最小为 150 米的距离；与生态农业种植地的间距为 300 米。联合国的《生物安全议定书》的第 23 条规定，对转基因生物要进行严格的风险评估、风险管理和增加决策的透明度和公众参与，应在决策过程中征求公众意见，向公众通报结果。公约指出，各国公众都有权利知道转基因食品的真实情况，并可以自愿进行选择。

自问世以来，转基因生物伴随着欢呼声和质疑声一路前行。当前，根据对转基因生物的态度可把世界上的国家分为两大阵营：欧盟、日本、韩国强烈反对，美国提倡。法国、德国、奥地利等欧盟国家，至今禁止在本土种植转基因玉米。欧盟规定，产品中的转基因物质含量在 0.9% 以上，就需清晰标明"本产品为转基因产品"。日本与韩国则禁止在本土种植转基因粮食，禁止进口转基因粮食。

对一个新生事物产生争议是正常的，何况其所关联的不仅仅是一些经济利益，而且关系到人类赖以生存的根基和人类在未来能走多远。历史已经证明了科学技术具有两面性，并不是所有的发明都最终被证实为是对人类有利的。因此，对转基因生物固然不要急于棒杀，要保持足够的耐心，要用时间来验证，但是，更重要的是要保持足够的警觉，不要为转基因生物的"开疆拓土"摇旗呐喊，不要急于把它们推上神坛。

附　录

附录1　有关生物入侵的国际网络资源与数据库

一、全球入侵物种数据库

该数据库（http：//www. issg. org. database/welcome/）由美国全球入侵物种计划（GISP）的全球入侵物种专家组建立，它为行政部门、资源管理系统、决策者和对此问题感兴趣的个人提供入侵外来物种的全球信息。

该数据库分为两部分：

1. 物种数据库：在该数据库中可依据学名、受侵国家、受侵生境和生态学分类查询。

2. 文献数据库：在该数据库中可以根据国家、地区和文献类型查询。

此数据库以威胁生物多样性的入侵物种为焦点，包括从微生物到动物、植物的所有类群。其信息由全球专家提供，包括物种的生物学、生态学特性，本地和外来种的分布范围、参考书目、联系方法、链接和图像等。

二、入侵生物信息管理系统

该系统（http：//www. invasivespecies. org）由美国农业动植物健康检查服务局（United States Department of Agriculture-

Animal and Plant Health Inspection Service）于 1991 年开始建立，包括 3 个数据库：

1. 植物害虫名单（APHIS Regulated Plant Pest List），可供查询。

2. 联邦有害杂草数据库（FNW），提供文献、术语表，并且能够通过学名、俗名、异名、科、世界分布和美国分布区查询入侵植物。

3. 北美外来节肢动物数据库（NANIAD），提供文献、术语表、经济效应和生态学效应的介绍、传播途径的介绍，还可以实现查询。

三、美国入侵物种官方网站

该网站（http：//www. invasivespecies. gov）同时也是美国国家入侵物种委员会的站点。该网站提供如下信息：

1. 入侵生物的危害和联邦政府的相应措施。

2. 17 种陆生植物，11 种陆生动物，11 种海洋、湿地植物，10 种海洋、陆生动物和 2 种微生物的详细介绍、部分文献及相关链接。

3. 与其他组织机构的链接。

4. 该站点还通过 http：//www. invasivespecies. gov/data-bases/main. shtml 提供非常全面的数据库链接服务，其中包括：（1）专家数据库 18 个；（2）普通数据库 15 个；（3）陆生植物数据库 23 个；（4）陆生动物数据库 11 个；（5）水生植物数据库 21 个；（6）水生动物数据库 16 个；（7）微生物数据库 2 个；（8）地方性数据库：美国的数据库 12 个和国际数据库 7 个。

附录 2　世界 100 种恶性外来入侵生物名录

微生物

鸟疟疾（*Plasmodium relictum*）

香蕉束顶病毒（*Banana bunchy top viru*）

栗疫病（*Cryphonectria parasitica*）

龙虾瘟病（*Aphanomyces astaci*）

荷兰榆病（*Ophiostoma ulmi*）

蛙壶菌病（*Batrachochytrium dendrobatidis*）

疫霉根腐病（*Phytophthora cinnamomi*）

牛瘟病毒（*Rinderpest virus*）

水生植物

杉叶蕨藻（*Caulerpa taxifolia*）

大米草（*Spartina anglica*）

裙带菜（*Undaria pinnatifida*）

凤眼菜（*Eichhornia crassipes*）

陆生植物

非洲郁金香（*Spathodea campanulata*）

黑荆树（*Acacia mearnsii*）

肖孔香（巴西椒树）（*Schinus terebinthifolius*）

印度白茅（*Imperata cylindrica*）

南欧海松（*Pinus pinaster*）

仙人掌（*Opuntia stricta*）

火树（杨梅属）（*Myrica faya*）

荻芦竹（*Arundo donax*）

荆豆（*Ulex europaeus*）

风车藤（*Hiptage benghalensis*）

虎杖（竹节参）（*Polygonum cuspidatum*）

Kahili 姜花（*Hedychium gardnerianum*）

Koster 恶草（*Clidemia hirta*）

野葛（*Pueraria lobata*）

马缨丹（*Lantana camara*）

乳浆大戟（*Euphorbia esula*）

银合欢（*Leucaena leucocephala*）

白千层树（*Melaleuca quinquenervia*）

腺牧豆树（*Prosopis glandulosa*）

野牡丹（*Miconia calvescens*）

微甘菊（*Mikania micrantha*）

含羞草（*Mimosa pigra*）

粗壮女贞（*Ligustrum robustum*）

吸水木（*Cecropia peltata*）

千屈菜（*Lythrum salicaria*）

奎宁树（*Cinchona pubescens*）

紫金牛（*Ardisia elliptica*）

暹罗草（*Chromolaena odorata*）

草莓番石榴（*Psidium cattleianum*）

柽柳（*Tamarix ramosissima*）

三裂中蟛蜞菊（*Wedelia trilobata*）

椭圆悬钩子（*Rubus ellipticus*）

水生无脊椎动物

中华绒螯蟹（*Eriocheir sinensis*）

梳状水母（*Mnemiopsis leidyi*）

青蟹（*Carcinus maenas*）

海蛤（*Potamocorbula amurensis*）

地中海贻贝（*Mytilus galloprovincialis*）

多棘海盘车（*Asterias amurensis*）

多刺水甲（*Cercopagis pengoi*）

多形饰贝（*Dreissena polymorpha*）

陆生无脊椎动物

阿根廷蚁（*linepithema humile*）

光肩星天牛（*Anoplophora glabripennis*）

白纹伊蚊（*Aedes albopictus*）

大头蚂蚁 （*Pheidole megacephala*）

四斑按蚊 （*Anopheles quadrimaculatus*）

普通黄胡蜂 （*Vespula vulgaris*）

狂蚁 （*Anoplolepis gracilipes*）

大果柏大蚜 （*Cinara cupressi*）

扁虫 （*Platydemus manokwari*）

家白蚁 （*Coptotermes formosanusshiraki*）

非洲大蜗牛 （*Achatina fulica*）

金苹蜗牛 （*Pomacea caraliculata*）

舞毒蛾 （*Lymantria dispar*）

谷斑皮蠹 （*Trogoderma granarium*）

小火蚁 （*Wasmannia auropunctata*）

红火外来蚁 （*Solenopsis invicta*）

橡子螺 （*Euglandina rosea*）

甘薯白粉虱 （*Bemisia tabaci*）

两栖动物

牛蛙 （*Rana catesbeiana*）

海蟾蜍 （*Bufo marinus*）

离趾蟾 （*Eleutherodactylus coqui*）

鱼类

鳟鱼 （*Salmo trutta*）

鲤鱼 （*Cyprinus carpio*）

黑鲈 （*Micropterus salmoides*）

莫桑比克罗非鱼 （*Oreochromis mossambicus*）

尼罗尖吻鲈 （*Lates niloticus*）

大麻哈鱼 （*Oncorhynchus mykiss*）

蟾胡子鲶 （*Clarias batrachus*）

食蚊鱼 （*Gambusia affinis*）

鸟类

印度八哥（*Acridotheres tristis*）

白头翁（*Pycnonotus cafer*）

紫翅椋鸟（*Sturnus vulgaris*）

爬行动物

林蛇（*Boiga irregularis*）

淡水甲鱼（*Trachemys scripta*）

哺乳动物

毛尾负鼠（*Trichosurus vulpecula*）

家猫（*Felis catus*）

山羊（*Capra hircus*）

灰松鼠（*Sciurus carolinensis*）

猕猴（*Macaca fascicularis*）

小鼠（*Mus musculus*）

海狸鼠（*Myocastor coypus*）

野猪（*Sus scrofa*）

穴兔（*Oryctolagus cuniculus*）

赤鹿（*Cervus elaphus*）

赤狐（*Vulpes vulpes*）

黑家鼠（*Rattus rattus*）

印度小猫鼬（*Herpestes javanicus*）

白鼬（*Mustela erminea*）

附录3　中国国家环保总局公布的我国第一批外来入侵物种名单

1. 紫茎泽兰

中文异名：解放草、破坏草。

原产地：中美洲，在世界热带地区广泛分布。

中国分布现状：分布于云南、广西、贵州、四川（西南部）、台湾。垂直分布上限为 2 500 米。

2. 薇甘菊

原产地：中美洲，现已广泛分布于亚洲和大洋洲的热带地区。

中国分布现状：现广泛分布于香港、澳门和广东珠江三角洲地区。

3. 空心莲子草

中文异名：水花生、喜旱莲子草。

原产地：南美洲，世界温带及亚热带地区广泛分布。

中国分布现状：几乎遍及我国黄河流域以南地区，天津近年也发现归化植物。

4. 豚草

原产地：北美洲，在世界各地区归化。

中国分布现状：东北、华北、华中和华东等地约 15 个省、直辖市。

5. 毒麦

原产地：欧洲地中海地区，现广布世界各地。

中国分布现状：除西藏和台湾外，各省（自治区、直辖市）都曾有过报道。

6. 互花米草

原产地：美国东南部海岸，在美国西部和欧洲海岸归化。

中国分布现状：上海（崇明岛）、浙江、福建、广东和香港。

7. 飞机草

中文异名：香泽兰。

原产地：中美洲，在南美洲、亚洲、非洲热带地区广泛分布。

中国分布现状：台湾、广东、香港、澳门、海南、广西、云南和贵州。

8. 凤眼莲

中文异名：凤眼蓝、水葫芦。

原产地：巴西东北部，现分布于全世界温暖地区。

中国分布现状：辽宁南部、华北、华东、华中和华南的19个省（自治区、直辖市）有栽培，在长江流域及其以南地区逸生为杂草。

9. 假高粱

中文异名：石茅、阿拉伯高粱。

原产地：地中海地区，现广布于世界热带和亚热带地区，以及加拿大、阿根廷等高纬度国家。

中国分布现状：台湾、广东、广西、海南、香港、福建、湖南、安徽、江苏、上海、辽宁、北京、河北、四川、重庆和云南。

10. 蔗扁蛾

中文异名：香蕉蛾。

原产地：非洲热带、亚热带地区。

中国分布现状：已传播到10余个省、自治区、直辖市。在南方的发生更严重，在这些地区凡能见到巴西木（即香龙血树）的地方几乎都有蔗扁蛾发生危害。

11. 湿地松粉蚧

中文异名：火炬松粉蚧。

原产地：美国。

中国分布现状：广东、广西、福建等地有报道。

12. 强大小蠹

中文异名：红脂大小蠹。

原产地：美国、加拿大、墨西哥、危地马拉和洪都拉斯等美洲地区。

中国分布现状：现分布于山西、陕西、河北和河南等地。

13. 美国白蛾

中文异名：秋幕毛虫、秋幕蛾。

原产地：北美洲。

中国分布现状：现分布于辽宁、河北、山东、天津和陕西等地。

14. 非洲大蜗牛

中文异名：褐云玛瑙螺、东风螺、菜螺、花螺、法国螺。

原产地：非洲东部沿岸坦桑尼亚的桑给巴尔、奔巴岛，马达加斯加岛一带。

中国分布现状：现已扩散到广东、香港、海南、广西、云南、福建和台湾等地。

15. 福寿螺

中文异名：大瓶螺、苹果螺、雪螺。

原产地：亚马逊河流域。

中国分布现状：广泛分布于广东、广西、云南、福建和浙江等地。

16. 牛蛙

中文异名：美国青蛙。

原产地：北美洲洛基山脉以东地区，北到加拿大，南到佛罗里达州北部。

中国分布现状：几乎遍布北京以南地区（包括台湾），除西藏、海南、香港和澳门外，均有自然分布。

附录4 中国环境保护部公布的中国第二批外来入侵物种名单

一、外来入侵植物名单

1. 马缨丹

别名：五色梅、如意草。

地理分布：原产热带美洲，现已成为全球泛热带有害植物。

入侵历史：明末由西班牙人引入台湾，由于花比较美丽而被广泛栽培引种，后逃逸。现在主要分布于台湾、福建、广东、海南、香港、广西、云南和四川南部等热带及南亚热带地区。

2. 三裂叶豚草

别名：大破布草。

地理分布：原产北美洲。

入侵历史：20 世纪 30 年代在辽宁铁岭地区发现，首先在辽宁省蔓延，随后向河北、北京地区扩散，目前分布于吉林、辽宁、河北、北京、天津等省、直辖市。常生于荒地、路边、沟旁或农田中，适应性广，种子产量高，每株可产种子 5 000 粒左右。主要靠水、鸟和人为携带传播。

3. 大薸

别名：水浮莲。

地理分布：原产巴西，现广布于热带和亚热带。

入侵历史：据《本草纲目》记载，大约明末引入我国。20 世纪 50 年代作为猪饲料推广栽培。目前黄河以南均有分布，长江流域及以南可以露地越冬。

4. 加拿大一枝黄花

别名：黄莺、米兰、幸福花。

地理分布：原产北美，在北半球温带栽培和归化。

入侵历史：1935 年作为观赏植物引进，20 世纪 80 年代扩散蔓延成为杂草。各地作为花卉引种，目前在浙江、上海、安徽、湖北、湖南郴州、江苏和江西等地已对生态系统形成危害。

5. 蒺藜草

别名：野巴夫草。

地理分布：原产美洲的热带和亚热带地区。

入侵历史：1934 年在台湾兰屿采到标本，现分布于福建、台湾、广东、香港、广西和云南南部等地。

6. 银胶菊

地理分布：原产美国得克萨斯州及墨西哥北部，现广泛分布于全球热带地区。

入侵历史：1924 年在越南北部被报道，1926 年在云南采到标本，现已入侵云南、贵州、广西、广东、海南、香港和福建等地。

7. 黄顶菊

地理分布：原产南美，北美归化。

入侵历史：于 2000 年发现于天津南开大学校园，目前主要分布于天津、河北等地，有继续扩散蔓延的趋势。

8. 土荆芥

别名：臭草、杀虫芥、鸭脚草。

地理分布：原产中、南美洲，现广泛分布于全世界温带至热带地区。

入侵历史：1864 年在台湾省台北淡水采到标本，现已广布于北京、山东、陕西、上海、浙江、江西、福建、台湾、广东、海南、香港、广西、湖南、湖北、重庆、贵州和云南等地。通常生长在路边、河岸等处的荒地以及农田中。

9. 刺苋

别名：野苋菜（该属统称）、土苋菜、刺刺菜、野勒苋。

地理分布：原产热带美洲，目前中国、日本、印度、中南半岛、马来西亚、菲律宾等地皆有分布。

入侵历史：19 世纪 30 年代在澳门发现，1857 年在香港采到。现已成为我国热带、亚热带和暖温带地区的常见杂草，广布于陕西、河北、北京、山东、河南、安徽、江苏、浙江、江西、湖南、湖北、四川、重庆、云南、贵州、广西、广东、海南、香港、福建和台湾等地。

10. 落葵薯

别名：藤三七、藤子三七、川七、洋落葵。

地理分布：南美热带和亚热带地区。

入侵历史：20 世纪 70 年代从东南亚引种，目前已在重庆、四川、贵州、湖南、广西、广东、云南、香港和福建等地逸为野生。

二、外来入侵动物名单

1. 桉树枝瘿姬小蜂

地理分布：除北美洲外，其他各大洲共计20多个国家均有分布。目前，在我国分布于广西、海南以及广东省的部分地区。

入侵历史：该小蜂原产澳大利亚，2000年被首次记述于中东地区，之后相继在非洲地区的乌干达和肯尼亚，亚洲的泰米尔地区以及欧洲的葡萄牙发现，并迅速扩散蔓延。2007年，在我国广西与越南交界处首次发现该种小蜂，2008年相继在海南和广东发现。

2. 稻水象甲

别名：稻水象。

地理分布：目前分布在河北、辽宁、吉林、山东、山西、陕西、浙江、安徽、福建、湖南、云南和台湾等省。国外主要分布在美国、日本、韩国、朝鲜等国家。

入侵历史：我国首先于1988年在河北发现此虫，接着先后在天津（1990）、辽宁（1991）、山东（1992）、吉林（1993）、浙江（1993）、福建（1996）、北京（2000）、安徽（2001）、湖南（2001）、山西（2003）、陕西（2003）和云南（2007）发现。

3. 红火蚁

地理分布：原产南美洲多国，现分布于南美洲多国以及美国、澳大利亚、马来西亚、中国（台湾、广东、香港、澳门、广西、福建和湖南）等国家。

入侵历史：2003年10月台湾桃园报道发生红火蚁，2004年9月广东吴川报道发生红火蚁。2005年监测显示，广东深圳、广州、东莞、惠州、河源、珠海、中山、梅州、高州、茂名、阳江、云浮，广西南宁、北流、陆川、岑溪，湖南张家界，福建龙岩等地均有红火蚁发生。

4. 克氏原螯虾

别名：小龙虾、淡水小龙虾、喇蛄、红色螯虾。

地理分布：广泛分布于全国 20 多个省、自治区、直辖市，南起海南岛，北到黑龙江，西至新疆，东达崇明岛均可见其踪影，华东、华南地区尤为密集。

入侵历史：原产北美洲，现已广泛分布于除南极洲以外的世界各地。20 世纪 30 年代进入我国，60 年代食用价值被发掘，养殖热度不断上升，各地引种无序，80～90 年代大规模扩散。

5. 苹果蠹蛾

别名：苹果小卷蛾、苹果食心虫。

地理分布：苹果蠹蛾遍布于世界各大洲的苹果和梨的产区。在我国主要分布于新疆全境、甘肃省的中西部、内蒙古西部以及黑龙江南部等地。

入侵历史：苹果蠹蛾在 20 世纪 50 年代前后经由中亚地区进入我国新疆，在 50 年代中后期已经遍布新疆全境，20 世纪 80 年代中期该虫进入甘肃省，之后持续向东扩张。2006 年，在内蒙古自治区发现有该虫的分布。另外，2006 年也在黑龙江省发现，这一部分可能由俄罗斯远东地区传入。

6. 三叶草斑潜蝇

别名：三叶斑潜蝇。

地理分布：三叶草斑潜蝇起源于北美洲，现在已经扩散到美洲、欧洲、非洲、亚洲、大洋洲和太平洋岛屿的 80 多个国家和地区。在我国主要分布于台湾、广东、海南、云南、浙江、江苏、上海、福建等省、自治区、直辖市。

入侵历史：20 世纪 60 年代以后，从美国开始向世界各地传播至非洲各国、南美洲及英国、荷兰等几个欧洲国家，后传至意大利、匈牙利、法国、南斯拉夫、以色列和日本。2005 年 12 月在广东省中山市发现，其后在海南、浙江、云南、上海等地发现。

7. 松材线虫

地理分布：原产北美洲。美国、加拿大、墨西哥、日本、韩国、葡萄牙和中国江苏、浙江、安徽、福建、江西、山东、湖北、湖南、广东、重庆、贵州、云南等 15 个省、自治区、直辖市，193 个县均有发生。

入侵历史：1982 年在南京中山陵首次发现。近距离传播主要靠媒介天牛（如松墨天牛）携带传播；远距离主要靠人为调运疫区的苗木、松材、松木包装箱等进行传播。

8. 松突圆蚧

地理分布：原产日本和中国台湾，现已扩散到中国的香港、澳门、广东、广西、福建和江西等地。

入侵历史：1965 年日本学者在台湾采集到松突圆蚧，1980 年在日本冲绳岛、先岛诸岛也发现有分布，20 世纪 70 年代末在中国广东发现。它可通过若虫爬行或借助风力自然扩散，还可随寄主苗木、原木、盆景等的调运远距离传播。

9. 椰心叶甲

地理分布：国外主要分布于越南、缅甸、泰国、印度尼西亚、马来西亚、新加坡等国家和地区。国内主要分布于海南、广东、广西、香港、澳门和台湾。

入侵历史：2002 年 6 月，海南省首次发现椰心叶甲，当年扩散蔓延到海口、三亚及文昌等市、县；2003 年扩散蔓延到万宁、琼海、定安、陵水、屯昌、儋州、澄迈、保亭等市、县，2004 年年底扩散蔓延至海南全省。同时云南河口，广西、广东及福建 3 省（自治区）沿海地区也相继发生椰心叶甲危害。

附录 5　中国最具危险性的 20 种外来入侵物种及其分布与危害

物　种	分　布	寄主植物/危害
烟粉虱（B 型与 Q 型）	广东、广西、海南、福建、云南、上海、浙江、江西、湖北、四川、山西、陕西、北京、天津、河南、河北、湖南等省、自治区、直辖市	蔬菜、花卉、烟草和棉花等 600 多种
稻水象甲	河北、山西、陕西、山东、北京、天津、安徽、浙江、福建、吉林、辽宁、云南、湖南、青海等省、自治区、直辖市	水稻
苹果蠹蛾	新疆、甘肃	苹果、沙果、库尔勒香梨、桃、梨等
马铃薯甲虫	新疆	马铃薯、番茄、茄子、辣椒、烟草、天仙子、龙葵
橘小实蝇	广东、广西、云南、四川、贵州、湖南、福建、海南、江西、江苏等省、自治区、直辖市	水果、蔬菜等 250 多种
松突圆蚧	台湾、香港、澳门、广东、福建、广西	松属树种
椰心叶甲	海南、云南、广东、广西、台湾、香港	棕榈科植物
红脂大小蠹	山西、河北、河南、陕西	油松、华山松、白皮松
红火蚁	台湾、广东、广西、福建、湖南、香港、澳门	叮咬村民，危害公共设施
克氏原螯虾	除西藏、青海、内蒙古外的 20 多个省、自治区、直辖市	危害土著种，毁坏堤坝等
松材线虫	云南、四川、广东、广西、贵州、福建、江西、浙江、湖南、重庆、江苏、安徽、湖北、河南、台湾等省、自治区、直辖市	松属树种

（续）

物　种	分　布	寄主植物/危害
香蕉穿孔线虫	曾在福建、广东发现，但已将疫情扑灭	经济、观赏植物等350种以上
福寿螺	海南、福建、广东、广西、四川、重庆、贵州、湖南、湖北、江西、江苏、安徽、浙江等省、自治区、直辖市	危害稻田、农田，传播人类疾病
紫茎泽兰	云南、贵州、广西、四川、重庆	危害农、林、畜牧业，使生态系统单一化
普通豚草	湖南、湖北、四川、重庆、福建、广东、江西、江苏、安徽、浙江、天津、北京、河北、山东、黑龙江、吉林、辽宁等省、自治区、直辖市	破坏农业生产，影响生态平衡、人类健康
水葫芦	浙江、福建、台湾、云南、广东、广西、海南、湖南、湖北、江西、四川、重庆、贵州、江苏、安徽、河南等省、自治区、直辖市	堵塞河道，造成水体富营养化、单一成片，降低生物多样性
空心莲子草	湖南、湖北、四川、重庆、福建、广东、广西、江西、江苏、安徽、浙江、山东、贵州、海南、云南、陕西、河南、台湾等省、自治区、直辖市	堵塞河道，影响排涝泄洪，降低作物产量，传播家畜疾病
互花米草	除海南、台湾外的全部沿海省份	破坏海洋生态系统、水产养殖
薇甘菊	广东、云南、海南、香港、澳门	危害天然次生林、人工林等
加拿大一枝黄花	河南、辽宁、四川、重庆、湖南、广东、云南、浙江、福建、江西、湖北、江苏、山东等省、自治区、直辖市	使物种单一化，侵入农田，影响植被的自然恢复过程

主要参考文献

安志兰，郭笃发，褚栋 . 2007. 生物入侵对我国生态环境的影响及其控制策略 [J] . 山东农业科学，(1)：87 - 91.

李根蟠 . 2007. 胡化的餐桌 [J] . 中国国家地理，(10)：228 - 241.

刘畅 . 2008. 生物入侵 [M] . 北京：中国发展出版社 .

万方浩等 . 2009. 中国生物入侵研究 [M] . 北京：科学出版社 .

徐汝梅，叶万辉 . 2003. 生物入侵理论与实践 [M] . 北京：科学出版社 .

徐汝梅 . 2003. 生物入侵数据集成、数量分析与预警 [M] . 北京：科学出版社 .

曾北危 . 2004. 生物入侵 [M] . 北京：化学工业出版社 .

图书在版编目（CIP）数据

外来生物入侵：一场没有硝烟的战争/隋淑光编著
·—北京：中国农业出版社，2011.4
　ISBN 978-7-109-13721-9

　Ⅰ.①外… 　Ⅱ.①隋… 　Ⅲ.①生物－侵入种－研究
Ⅳ.①Q16

中国版本图书馆 CIP 数据核字（2011）第 051704 号

中国农业出版社出版
（北京市朝阳区农展馆北路 2 号）
（邮政编码 100125）
责任编辑　贺志清

北京通州皇家印刷厂印刷　　新华书店北京发行所发行
2011 年 4 月第 1 版　　2011 年 4 月北京第 1 次印刷

开本：880mm×1230mm 1/32　　印张：4.5
字数：110 千字
定价：10.00 元
（凡本版图书出现印刷、装订错误，请向出版社发行部调换）